아빠가 들려주는 역사 이야기

아빠가 들려주는 역사 이야기

초판 1쇄 발행 | 2022년 11월 22일

지은이 | 이정훈
펴낸이 | 김지연
펴낸곳 | 마음세상

주 소 | 경기도 파주시 한빛로 70 515-501

신고번호 | 제406-2011-000024호
신고일자 | 2011년 3월 7일

ISBN | 979-11-5636-492-4 (03590)

ⓒ이정훈, 2022

원고투고 | maumsesang2@nate.com

* 값 14,500원

* 마음세상은 삶의 감동을 이끌어내는 진솔한 책을 발간하고 있습
니다. 참신한 원고가 준비되셨다면 망설이지 마시고 연락주세요.

아빠가 들려주는 역사 이야기

이정훈 지음

마음세상

아빠! 돌이 깨져 있어

햇빛 따뜻한 봄날 딸아이와 함께 물가로 나갔다. 낚시를 좋아하는 나로서는 아이와 함께 물가를 거니는 것이 낚시하지 않고도 너무나도 행복한 시간임이 틀림없다. 딸아이와 물가를 걸을 때면 나는 물고기가 있나 없나 물을 주시하지만, 딸아이는 그것이 아니었나 보다. 한참을 딸그락 소리를 내면서 내 뒤에서 돌을 가지고 놀고 있던 딸아이가 아빠를 소리 높여 불렀다.

"아빠, 아빠."

"어, 우리 딸 왜?"

"아빠, 나 돌에 찔렸어."

그렁그렁한 눈물을 머금고 나를 쳐다보는 딸아이를 괜찮다고 달래주고 다시 돌 쪽으로 시선을 옮겼다. 문득 아이에게 예전부터 가르쳐 주고 싶었던 이야기를 해주고 싶었다.

"서안아, 너 이 돌에 찔려서 아프지? 잘못 찔리면 피도 나겠는데?"

"응, 엄청 날카롭고 위험해."

"그렇지? 강가에는 이런 날카로운 돌들이 많아서 위험해. 근데 그거 알아? 아주 옛날에는 철이 없고 칼도 없고 가위도 없어서 돌로 고기도 자르고, 옷도 만들고 했다는 거?"

"뭐? 말도 안 돼. 칼, 가위가 없으면 만들면 되지 왜 못 만들어?"

"음, 그렇게 생각할 수 있지. 그런데 쇠를 만드는 과정은 그리 쉽지 않아. 일단 아빠 이야기를 들어보자."

"아주 오랜 옛날에 그러니까 아빠의 할아버지 위에 또 할아버지 그 위에 또 할아버지도 못 봤을 일이야. 너, 사람이 원숭이에서 진화되어서 사람이 되었다고 언제가 아빠가 말한 것 기억나?"

"응, 기억나."

"그때의 사람들은 이제 막 두 발로 걷기 시작했어. 그래서 말도 못 하고 머리도 아주 나빴지. 그런데 세상에는 무서운 동물이 너무나도 많았단다. 그 동물들 사이에서 자기를 지키고, 먹고 살기 위해서는 그 동물들과 싸울 수 있는 무기가 필요했어! 그래서 주변에 널려있는 돌을 이용했던 거야. 맨손으로 상대하기에는 우리 인간은 무기가 너무 빈약했거든 이빨도 강하지 않고, 손톱이 있는 것도 아니니까."

"자, 이 돌을 봐봐."

나는 돌 하나를 집어 커다란 돌에 내려쳤다. 돌은 두 조각으로 깨어져 나갔다.

"이 돌은 어때 보여?"

"날카로워."

"그렇지. 그럼 이 돌을 나무에 이렇게 감으면?"

나는 돌과 나뭇가지를 들어 풀을 꺾어 감으면서 말했다.

"오! 칼 같아."

"그래, 이것으로 무서운 동물이 오면 싸울 수 있겠지? 그리고 음식을 잘라 먹기도 하고."

"창도 만들 수 있겠는데? 그래도 이걸 사용한다고 해도 사자나 호랑이는 무서워."

"그래, 이기긴 힘들었겠지. 그러다 보니 숨어 살았겠지?"

"어디에서?"

"그때는 그냥 동굴?"

"셋째 돼지처럼 벽돌집 지으면 되잖아?"

"사실 인간이 이렇게 집을 짓고 사는 데까지는 지구의 긴 역사에 비추어 보면 얼마 되지 않은 시간이야."

"그럼 그때 사람들은 그렇게 숨어서 살았는데 어떻게 지금처럼 집도 짓고 옷도 만들어 입게 된 거야?"

"그래, 그렇게 생각해야지. 생각을 발전시켜 보는 거야. 아주 잘하고 있어, 내 딸."

"자, 그렇게 돌을 쪼개어 쓰던 중에 문득 불편함을 느낀 거지 깨지는 돌들은 주로 무른 돌이니까, 자주 망가지고 날카롭게 유지되지도 않았지. 그러다 보니 사람들은 더 단단한 돌을 골라 날카롭게 갈아서 사용하기 시작했어."

나는 돌을 하나 잡아서 큰 돌에 문지르기 시작했다.

"어때? 돌을 갈아보니까 이것 또한 날카로워지지?"

"응, 그런 것 같아."

"그런데, 그렇게 돌을 갈아서 사용해도 한 사람, 한 사람의 힘은 동물들에게 그렇게 위협이 되지 않았지. 그러니 우리 다 같이 싸웁시다. 하며 자연스럽게 사람들은 모여 살기 시작했어. 서로 같이 살면서 무리를 이루고 같이 사냥하고 같이 적을 물리쳤지. 많은 사람이 살기에는 동굴 등은 너무 좁으니 서로서로 집을 지어주며, 어느새 집들이 모여서 마을이 되기 시작했단다. 욕심 없이 그렇게 평화롭게 살면 좋은데, 서안이도 욕심이 있듯이 사람들도 욕심이 생기기 시작했어."

"맞아. 나도 내 아이스크림 자꾸 나누어 먹자고 하면 짜증 나."

"그렇지. 사람들은 서로 욕심과 필요를 채우기 위하여 서로의 물건을 주고받는 물물교환도 하게 되고 그 사이에서 말하지 않아도 지켜야 하는 규칙이 생기기 시작했어. 그러면서 규칙을 지킬 수 있게 이 규칙을 관장하는 사람이 즉, 우두머리가 생기게 되었어."

"우두머리가 뭐야?"

"서안이 학교로 치면 선생님? 너 아빠 말은 안 들어도 선생님 말씀은 잘 듣잖아."

"아니야. 아빠 말도 잘 들어."

"그래, 그렇지 착한 딸."

나는 웃어 보이며 다시 이야기를 마무리 지어갔다.

"자, 어때 이제 사람들이 왜 모여서 살게 되었는지 알겠어?"

"응, 그런데 궁금한 게 또 있어."

"뭐?"

"사람들이 모여 사는 것은 알겠는데, 그럼 매일 사냥만 하고 살았던 거야?"

"아, 아빠가 그 이야기를 빼먹었구나. 이렇게 우두머리가 생기면서 다 같이 사냥하고, 적을 물리치면서 마을을 이루고 울타리를 세웠지. 그런데 주위에 있던 동물들을 잡아먹다 보니, 동물들도 자꾸 도망가게 되었어. 이제 잡을 수 있는 동물들은 마을에서 너무 떨어진 곳에 살고, 사냥하기가 힘들어졌어. 사람이 고기만 매일 먹고 살 수 없듯이 처음에는 식물도 채취해서 먹었는데 자꾸만 주위에 식물을 먹다 보니 근처에 있는 식물들도 금방 떨어져서 없어지게 되었어. 사람들은 생각한 거야. 매일 사냥 다니지 말고 키워서 잡아먹고, 매일 식물을 채취하러 다니지 말고 먹을 만한 것을 골라서 농사를 짓자! 그렇게 농사가 시작되었고, 가축을 기르기 시작했어."

"우와, 옛날 사람들 똑똑하다."

"아빠가 이런 과정을 그냥 말로 설명하니 아주 쉬워 보이지? 너, 우리 주말농장에 있는 토마토 관리 못해서 시들어 버렸잖아. 아무렴 처음 시작하는 옛날 사람들은 어땠을까? 무수히 많은 실패를 했단다. 그 실패 속에서 하나하나 배워 나가면서 연습에 연습을 거듭한 결과 지금처럼 쌀을 먹을 수 있고 소나 돼지고기를 마음껏 먹을 수 있게 되었지."

나는 근처에 있는 소 축사를 가리키며 말을 이어갔다.

"그러면서 농사에 필요한 기구들이 발명되기 시작했고 그릇이 발명되었지, 그리고 농사를 짓고 가축을 기르면서 사람들은 여유가 생기기 시작했고, 그 여유시간에 가지고 있던 그릇이라든지 물건에 그림을 그려 넣고 무늬를 그려 넣기 시작했어. 그게 박물관에서 볼 수 있는 빗살무늬 토기라는 거야."

"아하, 이제 좀 이해가 가. 자연스럽게 된 거구나."

"딸, 우리가 사는 현재는 과거에 많이 사람들이 아주 큰 노력을 해서 지금처럼 편하게 살 수 있는 거란다. 그 사람들의 희생과 노력이 없었다면 지금 우리는 똑같이 무서운 동물들을 피해서 도망만 다니는 삶을 살았을 거야. 경험이 전해져 내려오면서 발달한 거지. 그리고 앞으로 아빠가 하나하나 해줄 이야기들은 너의 삶에 있어서 아주 중요한 밑거름이 될 거야. '역사를 잊은 민족에게 미래는 없다.'라는 말이 있어 그만큼 우리는 우리 선조들이 지켜온 이 세상을 우리 후세에게 물려주기 위해서 노력해야 한단다. 그 이야기를 천천히 아빠가 하나하나 들려줄게."

"근데 이것도 역사야?"

"그럼 당연하지 아마 좀 더 커서 역사라는 과목을 배울 때 첫 페이지에 나올 이야기야."

"좀 어려울 것 같아."

"역사라는 것은 어려운 것이 아니란다. 그냥 아주 먼 조상들이 살아온 생활이지. 그 생활 안에서 잘못되었던 것은 버리고 잘된 것은 선택해서 더 나은 미래를 살 수 있게 공부하는 것이 역사학인 거야."

"아빠는 그럼 역사를 공부한 거야?"

"물론 아빠는 그냥 평범한 회사원이지만 우리 딸에게 이야기해줄 만큼의 지식은 가지고 있어. 아빠가 가르쳐 줄게."

나와 딸은 자연스럽게 미소를 지었고, 내 머릿속은 어느새 역사 이야기들로 가득 찼다. 딸아이도 호기심이 일었는지 더 이야기해달라 졸랐고, 나 역시도 주절주절 이야기해주고 싶었지만, 오늘은 이 따뜻한 햇살을 좀 더 느끼고 싶었다.

말도 안 돼. 그럼 우리는 곰이야?

회사에서 퇴근하여 집에 들어서자 평소와 같지 않게 시무룩해진 딸아이가 인사도 하지 않고 식탁에 앉아 있었다.

"무슨 일 있어?"

"모르겠어. 학교 갔다가 친한 친구와 싸웠다고 하는 것 같은데?"

아내는 대수롭지 않게 웃으며 넘기고 있었다. 옷을 갈아입고 딸아이를 살살 달래어 무슨 일이 있었냐고 물어보았다.

"아빠? 우리가 곰이야?"

"그게 무슨 말이지?"

"오늘 학교에서 나라랑 이야기하다가 나라네 아빠가 우리는 곰의 자식이라고 했데, 그래서 내가 우리 아빠는 사람은 원숭이에서부터 두 발로

서게 되었고 인간이 되었다고 했더니 아니라고 우기잖아."

"그래서? 싸웠어?"

"응."

"아빠 생각에는 나라 아빠의 말도 일리가 있고, 우리 딸의 주장도 일리가 있다고 생각하는데? 둘 다 맞는 말인데 왜 싸워?"

"말도 안 돼. 왜 우리가 곰이야?"

"아빠가 설명한 것은 진화론. 즉, 과학이고, 나라 아빠가 설명해 준 것은 우리나라 역사에 관한 이야기지. 그럼 우리나라의 고조선 건국 신화에 관해서 설명해 줄까? 그러면 왜 우리를 곰의 자식이라고 하는지 알 수 있을 거야."

나는 웃으며 아이를 달랬다. 아이는 못 믿겠다는 표정을 지었지만 나는 아랑곳하지 않고 말을 이어갔다.

"옛날 옛적 아주 아주 먼 옛날의 이야기야. 사람들이 마을을 이루고 살고 난 후의 이야기. 그때 하늘에서는 절대 하늘님 환인이라는 신이 살고 있었단다. 환인에게는 환웅이라는 자식이 있었는데, 이 환웅이라는 신은 하늘에서 구름 밑으로 인간들이 행동하는 것을 관찰하길 좋아했지. 그렇게 인간을 보길 좋아하는 환웅에게 환인은 병사 삼천 명, 구름을 부리는 운사, 비를 부리는 우사, 바람을 다스리는 풍백을 내주어 인간을 보살피게 하였어. 환웅은 신단수 지금의 묘향산으로 내려와 360가지의 일을 보며, 인간들을 보살폈지. 그러던 어느 날 호랑이와 곰이 환웅을 찾아왔어."

"이에 환웅은 '무슨 일인데 찾아왔는가?'라고 물었지."

'인간이 되고 싶습니다.' 호랑이와 곰이 이야기했어.

'그래? 그러면 100일간 햇빛을 보지 말고 마늘과 쑥을 먹으면서 기도하면 반드시 사람이 될 것이니라'라고 이야기해주지."

"뭐? 그렇게만 하면 동물도 사람이 된다는 거야?"

"끝까지 들어봐. 나는 웃으며 이야기를 이어갔다. 이 이야기를 들은 곰과 호랑이는 마늘과 쑥을 준비해서 동굴로 들어가. 그런데 20여 일이 지나자 호랑이는 도저히 참지 못하고 탈출해 버리고 곰은 100일 동안 꾹 참고 견뎠지."

"곰이 견디는 것은 잘할 것 같아."

어느새 딸아이는 약간의 흥미가 생긴 듯했다.

"맞아. 그리고 마침내 곰은 아주 아름다운 여인으로 변하게 되었단다. 환웅은 곰에서 변한 여인은 '웅녀' 즉, '곰 여자'라고 부르고 아내로 맞이했어. 웅녀는 단군을 낳게 되고, 그 단군은 고조선이란 나라를 세우게 되지. 우리는 고조선에 뿌리를 두고 있는 민족이지. 결국, 우리의 먼 옛날 최초의 엄마는 곰이니까 우리도 곰이라고 말할 수 있으려나?"

나는 웃으며 딸에게 이야기하였다. 하지만 딸아이는 여전히 뾰로통한 표정으로 못 믿겠다는 듯이 나를 쳐다보고 있었다.

"말도 안 돼. 사람이 어떻게 곰이 되고 곰이 어떻게 사람을 낳아. 그런 게 어디 있어!"

꼭 진 것 같은 기분이 들었는지 씩씩대는 딸에게 다시 한 번 말했다.

"서안아, 이런 것을 신화라고 해. 신화라는 것은 아주 신비로운 이야기들이지. 하지만 이게 진실일까? 진정한 진실은 따로 있어. 나중에 설명을 더해주겠지만 신화라는 것을 만들어야 하는 이유도 있고."

어느새 딱 붙어 앉아서 눈을 반짝이고 있는 딸에게 웃어 보이며 이야기를 이어갔다.

"진짜 진실을 알고 싶어?"

"아, 빨리 말해줘."

"음, 그럼 이런 신화에 대한 진실을 이야기해 보자."

일부러 한참을 뜸을 들이던 나는 단순히 동화처럼 고조선 건국의 신화를 이야기하는 것보다 역사적 사실을 이야기해주는 것이 처음 역사를 대하는 아이가 흥미를 잃을까 걱정이 되었다. 하지만 이미 이야기에 빠진 아이를 외면할 수가 없어 좀 더 사실적인 역사를 이야기해주기로 마음먹었다.

"이 신화의 이야기는 삼국유사라는 아주 오래된 책에서 나온 이야기야. 신화라는 것을 사실적으로 만들기 위해서는 이야기를 작게 쪼개서 거기에 어떤 사실적인 내용이 있는 것인지를 생각해봐야 해. 먼저 환웅에 대하여 생각해 보자. 환웅은 어디서 온 사람인지 모르겠지만 원래 있었던 사람들보다는 아주 똑똑한 사람일 거 같지 않아?"

"응, 아빠가 저번에 말한 우두머리?"

"그래, 그렇지. 그리고 웅녀라는 사람은 진짜 곰이 아니라 지금의 묘향산 꼭대기쯤 살고 있던 마을 사람들을 가리키는 말이겠지. 아마도 그 부족 이름이 곰이거나 또는 곰을 숭상하는 원시인 같은 부족이겠지. 그리고 호랑이 역시 그 부근에서 살고 있던 마을 사람들일 것으로 생각돼. 아빠 말 이해가?"

"응. 그냥 곰과 호랑이를 좋아하는 부족?"

"맞아. 그런데 어느 날 환웅이라는 뛰어난 사람이 부족을 이끌고 찾아왔어. 그리고 곰과 호랑이 마을의 사람들에게 같이 살자고 했겠지. 또는 환웅이라는 사람 밑으로 들어오라고 했을 수도 있어. 그런데 곰 부족은 그렇게 하겠다고 했을 것이고, 호랑이 부족은 싫다면서 떠났겠지. 결국, 아주 똑똑한 사람들의 마을이 묘향산 인근에 사는 마을 사람들과 만나게 되었고, 그 두 마을 중 곰 마을 사람들과 합쳐지게 된 거야. 그리고 그 사이에서 단군이라는 지도자가 나타나게 되었고, 그 단군이라는 사람이 곰 마을과 환웅의 부족을 모두 묶어서 하나의 국가, 조선이라는 국가를 세우게 된 거라고 볼 수 있지."

"그러면 같이 내려왔다는 풍백, 운사, 우사라는 사람들은 뭐야?"

"음, 그 사람들은 아마 신하를 지칭하는 말일 꺼야. 그 사람들이 각각 바람과 비와 구름을 다스린다고 했지? 그러면 날씨에 가장 영향을 많이 받는 곳은 농촌. 그러니까 당시의 사회가 농사를 지어 사는 사회로 발달했다는 것을 뜻해. 저번에 아빠가 농사를 짓게 된 이야기 해줬지? 그때 당시를 이야기하는 거야. 그리고 360가지 일이라는 것은 그 당시 1년을 360일로 봤다는 뜻이기도 해."

"그럼, 그 이후에 조선은 어떻게 되었어?"

"삼국유사에 나와 있는 이야기는 고조선은 평양을 중심으로 하여서 나라를 세우고 아사달이란 곳으로 나라의 중심인 수도를 옮긴 다음 약 150년 동안 단군왕검이 나라를 다스리게 돼. 그런데 고조선 옆에는 중국의 주나라와 은나라가 생기기 시작했지. 이때부터 중국의 나라들과 이 땅의 나라들은 계속해서 다투기도 하고 나라를 빼앗기기도 하는 모양새가 돼.

이때도 주나라의 황제가 은나라의 기자를 조선의 왕으로 만들었고 왕 자리를 빼앗긴 단군왕검은 자신을 따르는 무리를 이끌고 장단경으로 수도를 옮겨놓고는 홀연히 사라졌지. 그리고 후에 아사달로 돌아와 산신이 되었다고 해."

"모르는 것투성이야. 왜 중국의 주나라 왕이 우리나라 조선의 왕을 자기 마음대로 만들어?"

"그렇지. 이해가 가지 않는 것이 정상이지. 그냥 들어만 두렴. 아직은 고조선과 한의 전쟁이라든지, 위만조선이라든지 한사군 등은 어려운 이야기가 될 테니."

"그럼 우리는 곰의 자식은 아니네?"

"여태까지 그것만 생각했니?"

"그건 아닌데…."

"그래도 듣고 나니 어때? 신화라는 것도 재미있고, 그 속에 숨겨진 이야기들도 재미있지?

"응, 내일 나라한테 이야기 해줘야겠다."

"그래, 삼국유사에 따르면 우리는 곰의 자식이 맞으니 서로 웃으며 화해해 알았지?"

"그럼, 우리는 원숭이와 곰이 섞인 거네?"

"그렇게 되나? 하하하."

한참을 웃던 나는 아이를 바라보며 이야기를 마무리 지었다.

"단군왕검이 나라를 처음 세울 때 '널리 인간을 이롭게 하라' 홍익인간의 이념으로 나라를 세웠어! 참된 지도자라고 할 수 있지. 이 말의 뜻처럼 모든 사람이 웃으며, 잘살고 편안히 지낼 수 있게 그렇게 나라를 다스리기 위해 노력하셨단다."

"단군 할아버지는 정말 좋으신 분이구나."

"그래, 우리 민족은 그 뿌리가 선한 민족이지."

"그럼 나도 나라랑 싸우지 않고 화해할게."

나쁜 놈들!

주말 아침, 평소 잠을 많이 줄여오던 터라 주말이면 가끔 늦잠을 자곤 하는데, 이 날 따라 밖이 시끄러웠다. 아내와 딸아이가 작은 방 한구석에 놓여 있는 TV를 보면서 대화하는 소리였다. 잠에서 깨어 눈을 비비며, 작은 방으로 향하니 딸아이는 TV를 보면서 나쁜 놈들이라며 버럭버럭 소리를 지르고 있었고, 아내는 그런 딸아이를 웃으며 달래고 있었다.

"무슨 일인데, 그래?"

아내는 힘 빠진다는 듯 고개를 절레절레 흔들며 웃고 있었고, 딸아이는 화를 내며 TV를 보고 소리치고 있었다.

TV 속에는 법정 판결에 대한 사회면이 나오면서 피의자는 무혐의로 풀려났다는 기사가 나오고 있었다.

"웬만하면 사회면은 보여주지 말라니까."

"나도 잠깐 주방에 가 있다가 온 사이에."

"어휴, 저게 요즘 법률이 약해서 그렇지." 무심코 말 한마디 던지고 티브이를 끄며 화장실로 돌아서는데 딸아이가 붙잡았다.

"그럼 옛날 법은 어땠는데? 응?"

"어?"

난 한동안 멍하니 딸아이를 쳐다보다가 이내 웃음을 지었다. 드디어 나의 교육 효과가 빛을 발하는가 하는 엉뚱한 생각이 들었고 우리나라 최초의 법률이 어떤 것인가에 대하여 알려줘야겠다는 생각이 들었다.

"좋아. 알려주지. 예전에 아빠가 고조선이란 나라에 대해서 말해 주었지?"

"응, 단군 할아버지가 세운 나라."

"응, 일단 화장실 좀 다녀와서."

나는 일부러 아이를 약 올리듯 화장실로 갔고 딸아이는 화장실 앞에서 빨리 나오라며 소리쳤다.

"알았어. 알았어. 어휴, 말 한마디 잘못했다가. 그래, 우리 대한민국의 가장 오래된 법률은 고조선의 법률일 거야."

"단군 할아버지가 만든 거야?"

"그렇다고 봐야겠지?"

"단군 할아버지의 정확한 이름은 단군왕검이라고 해, 단군은 하늘의 제사를 지내는 최고 우두머리, 옛날에는 우두머리가 앞에 나가서 하늘에다가 제사를 지냈거든, 그래서 단군이라는 이름이 붙었고, 왕검은 정치

즉 지금으로 보면 대통령 같은 사람인데 이 두 가지를 모두 다 할 수 있는 자 단군왕검이라고 해. 그리고 두 단어를 합쳐서 고조선은 제정일치 사회였다. 라고 표현한단다."

"어려워, 뭔 말인지 모르겠어. 그냥 안 들을래."

갑자기 어려운 말을 하니 흥미가 확 떨어졌는지 돌아서 버렸다. 나는 얼른 아이를 붙잡았다.

"그러지 말고 끝까지 들어봐. 아직 법률 이야기도 안 나왔잖아."

"그럼, 법률까지만 들을게."

"요 앙큼한 것! 지금 아빠한테 복수하는 거지? 어쨌든 이야기해보면 지금 법을 만드는 사람들을 국회의원이라고 하지? 그분들이 법을 만드는 것처럼 단군왕검께서 법을 만들었다고 알려주는 것뿐이야. 자, 그럼 본격적으로 어떤 법이 있었는지 알아보자."

"고조선은 8조법이라는 것을 만들었어. 총 8개의 법률이고, 근데 그중에 3개의 항만 전해져."

'남을 죽인 사람은 사형에 처한다.'

'남을 때려서 다치게 한 사람은 곡식으로 보상한다.'

'남의 물건을 훔친 사람은 그 물건의 주인집의 노예가 되어야 한다. 만약 풀려나려면 50만 전을 내야 한다.'

"어떤 것 같아?"

"음, 지금 하고 비슷한 것 같아."

"그렇게도 볼 수 있지, 그런데 이 법률들을 보면, 생명을 아주 소중히 여겼다고 보이지 않아?"

"응, 남을 죽이거나 다치게 했을 때 벌이 큰 것 같아."

"맞아, 우리 고조선이 세워질 때 무슨 이념으로 세워졌다고 했지?"

"홍익인간."

"그래, 생명을 소중히 하는 사상, 널리 인간을 이롭게 하겠다는 생각이 법률에 잘 담겨 있지."

"또 이것을 보면서 무슨 생각이 들어?"

"음, 잘 모르겠는데…. 근데 50만 전이 뭐야?"

"그렇지 잘 집어냈어. 50만 전이라고 하는 것은 지금 백원 천원 만원 등을 옛날에는 전이라고 표현한 거야. 그럼 옛날에도 돈이라는 것이 있었다고 알 수 있지?"

"그리고 곡식으로 보상하는 것은 그때 당시 곡식을 가지고 있었다는 이야기니까 농사를 짓는 농경사회였다는 것을 알 수 있고 노예라는 것을 보면 신분제도가 존재했다는 것을 알 수 있어."

"우와, 이 세 가지에서 그렇게 많은 내용이 있구나."

"그렇지, 하나의 글을 가지고 그 시대를 추정해 보는 것 역사학의 묘미지!"

"법률을 만들었다는 것은 왕의 강력한 힘을 나타내. 이 법은 내가 만들었고 이 법률의 거스르는 자는 용서치 않는다. 그럼 왕이 힘이 강해지겠지? 앞으로 아빠가 이야기해줄 왕들도 왕의 힘을 강하게 하기 위해서 율령 반포 즉 법을 만들어서 국가와 국민에게 알려주는 일을 한단다."

"뭔가 모르겠지만 대단한 것 같아."

"그렇지? 이건 여담이긴 한데, 너 해태라는 동물 알아?"

"아니, 몰라."

"설명해 줄 테니 상상해봐. 사자처럼 생겼고 머리 가운데 뿔이 있어 송 곳니는 양쪽으로 나와 있고 눈은 부리부리하지 이 동물은 선악을 판단하 여 안다는 동물이야."

"뭔가 무서운 동물인데."

"근데 우리나라에서는 이 동물이 법의 상징이란다. 옛날의 법이라는 한자에는 해태치자가 들어가 있었어. 그래서 현재 법원이라든지 검찰청 앞에는 해태상이 있지."

"우리 보러 가자."

"그래? 그럼 밥 먹고 얼른 보러 가 볼까?"

얼마나 이해했는지 모르겠지만 밖에 외출한다고 신나하는 딸아이를 보면서 이번 주말도 쉬지는 못하겠다고 하는 생각이 들었다. 하지만 한 편으로는 아빠의 관심사에 이렇게 즐겁게 다가오는 딸아이가 고맙고 사 랑스럽게 느껴졌다.

아빠 돌이 센 거야?
철이 센 거야?

주말 아침 오랜만에 일찍 일어나서 주말농장으로 향했다. 으레 그러듯이 도착하자마자 딸아이는 이리저리 뛰어다닌다고 정신이 없었고, 나는 그런 아이를 진정시키느라 진땀 빼고 있었다.

미리 준비한 아이 전용 호미를 내밀자 호기심이 돌았는지 내 옆에 딱 붙어 앉아서는 땅을 일구기 시작했고 나도 본격적으로 밭일을 하기 시작했다.

한참을 땅을 파던 딸아이는 갑자기 고개를 들더니 나에게 물었다.

"아빠? 돌도 단단하고 호미에 쇠도 단단한데 뭐가 더 단단한 거야?

"당연히 쇠지?"

"근데 이거 왜 부러져?"

그리고 아이의 호미를 보니 호미에 가장 약한 부분이 부러져 있었다. 그리고는 호미를 그 자리에 놔두고는 흥미를 일었는지 반대편 고랑으로 넘어가려고 했다. 나는 당황하여 딸아이를 붙잡았다.

"잠깐만 서안아, 이거 부러졌다고 바로 자리를 뜨면 식물들은 누가 가꾸니? 그러지 말고 아빠 이야기 들어보자. 서안이는 돌이 강한 것 같아 쇠가 강한 것 같아?"

"이거 부러졌으니까 돌이 강한 것 같아."

"옛날 이야기 해줄까?"

"응!"

"아빠가 일하면서 옛날이야기 들려줄 테니 잘 들어봐."

"옛날 사람들이 돌을 사용해서 무기를 만들어서 사용했다고 했지?"

"응, 깨기도 하고 갈기도 하고."

"그 이후 이야기인데, 사람들이 불을 발견하고 불을 다루게 된 후의 이야기야. 사람들은 불을 이용하면서 쇠를 발명하게 되지. 흙 속에 있던 철 성분들이 불에 녹고 다시 굳어지면서 단단한 쇠가 되는 것을 발견한 거지. 그때까지는 돌을 사용했지만, 이 쇠를 발견하기 시작하면서 사회는 점점 발전하게 되고 군사들도 튼튼해지게 되지. 최초에 발명한 쇠는 '청동'이야. 단군 할아버지가 조선을 세울 당시 우리나라는 청동기 시대였다고 이야기할 수 있어."

"오, 그럼 단군 할아버지도 호미를 사용했겠네."

"그건 아니고 쇠를 이용해서 농사에 필요한 물품들을 만들어 냈을 거야. 또 무기도 만들었겠지. 이후 청동보다 훨씬 더 만들기 쉽고 단단한 철기가 발명되었어. 그게 지금의 쇠라고 볼 수 있어. 쇠가 발명되자 무기가 점점 강해졌고 그 무기를 이용하여 힘 있는 사람들이 다른 부족의 무리를 정복하기 시작했어. 그리고 마침내 국가가 생겨나기 시작했어. 이때 우리 조선의 한반도에는 여러 국가가 세워지게 되는 거지."

"그럼 아빠, 무기가 강한 나라가 힘이 세겠네."

"그렇지. 아빠가 해볼 이야기는 강력한 무기로 한반도의 위쪽을 호령한 부여에 관한 이야기야."

"여러 나라가 많이 생겼다며, 왜 부여만 이야기 해줘?"

사실 다 이야기하기에는 밭일도 하고 , 이야기도 해야 하는 나의 고충을 딸아이가 이해해주길 바랐지만, 그냥 넘어가지 않는 딸을 보며, 뭔가 핑계를 만들어야 하겠다는 생각이 들었다.

"부여라는 나라는 그 이후 우리나라에서 세워지는 가장 강력한 두 나라의 뿌리가 되기 때문이야."

"어딘데?"

"고구려와 백제지."

"아, 나 그거 알아. 고구려 세운 동명왕 백제 온조왕."

"그래, 맞아. 자 이제 부여에 대하여 설명해 줄게."

나는 얼른 화제를 바꾸어 부여에 관해 이야기하기 시작했다.

"부여는 지금의 북한에서도 더 위쪽에서 생겨난 국가야. 강력한 철을 가지고 주변의 부족을 흡수하면서 생겨난 국가지. 사실 부여가 생겨난 시기는 서로 다른 의견이 있을 수 있으나 아빠는 고조선이 있을 당시에 부여도 있었다고 생각해. 물론 아빠의 의견이 맞지 않을 수도 있지만."

"왜 맞지 않을 수도 있어?"

"그만큼 오랜 시간이 지났으니, 다들 해석하는 게 틀릴 수 있지 않겠어? 시간여행을 떠나지 않는 이상 확실하게 알 수는 없겠지?"

"그렇구나."

"어쨌든 부여의 동명왕 설화는 나중에 나오는 고구려왕 동명성왕의 설화와 비슷하기도 한데, 일단 동명왕의 설화부터 한 번 알아볼까?"

"설화? 신화라는 이야기야?"

"비슷하지?"

"신화니까 신기한 이야기겠지?"

"응, 그렇지. 재미있고 신기한 이야기지. 이야기 한번 해볼게. 탁리국이란 나라의 무수리. 즉, 궁궐의 궁녀 같은 사람인데, 갑자기 아이를 가졌어. 이때는 궁녀가 아이를 가지는 것을 엄격히 금지했거든. 그러다 보니 왕이 화가 나서 무수리를 궁궐에서 쫓아내려고 했어. 그런데 이 무수리가 억울해하면서 하늘에서 달걀만 한 기운이 내려와 본인의 배속으로 들어가 아이가 생겼다고 했지. 왕은 일단은 무수리의 말을 믿어주긴 했어. 그러다가 아이가 태어난 거야."

"그럼 탁리국에서 키우게 된 거야?"

"아니, 어이없게도 왕은 그 아이가 태어나자마자 돼지우리에 버려 버렸어."

"왜?"

"지금으로서는 이해하기 힘든 일인데, 무수리가 놓은 아이는 불길하다는 것 때문이겠지."

"좀 심하다."

"그런데 진짜 이야기는 여기서부터야. 버려진 아기 사이로 돼지들이 모이더니 돼지가 입김을 불어 아이를 돌보아 살려내는 것 아니겠어? 왕은 이번에는 마구간에 아이를 버렸어, 그러자 또 말이 입김을 불어 살리는 거야. 왕은 혹시 진짜 하늘이 내린 아이인가 싶어서 이름을 동명이라고 짓고 아이를 키우게 했어."

"치, 버릴 때는 언제고."

"생각이 바뀐 거지. 어찌 되었든 아이는 어느새 자라 활을 아주 잘 쏘는 아이로 성장했어. 그런데 왕은 백성들 사이에서 동명의 인기가 좋아지자, 질투심도 나고 혹시 백성들이 막 좋아하니까 동명이 자기 왕 자리를 차지할까 두려웠어, 그래서 동명을 죽이라고 부하들에게 시키지."

"죽였다가, 살렸다가 마음대로네."

"그렇지. 동명은 죽을힘을 다해서 도망치기 시작했어! 그렇게 도망가던 도중에 건널 수 없는 커다란 강을 만난단다. 뒤에서는 병사들이 달려오고 있었고, 앞에는 커다란 강물이 자신을 가로막았지. 동명은 이제 죽는다고 생각하고 있었어. 그때 물고기와 자라가 올라와서 길을 만들어 주는 게 아니겠어?"

"와, 뭔가… 대단하다."

"그래, 동명은 마침내 죽음의 그늘에서 벗어나 나라를 세우고 이를 부여라고 칭했지. 스스로 왕이 된 거야. 나중에 이 부여에서 고구려의 동명성왕 즉, 주몽이 탄생하고, 그 고구려에서 백제가 탄생해. 자, 그럼 순서가 어떻게 될까?"

"부여가 맨 처음이고 그다음에 고구려, 그다음에 백제네."

"맞았어! 역사는 흐름이야 우리는 먼 과거를 살피니까 그 흐름을 알면 더 재미있어질 거야."

"근데 아빠 신화는 그 속에 진실이 있다고 했잖아?"

"음, 그건 아빠가 나중에 다른 신화도 알려주고 이야기해줄게."

"그럼 아빠, 난 뭐 신화 같은 것 없어?"

"음, 넌 태몽이 있지, 외할머니의 꿈에 커다란 다이아몬드가 품 안에 안기는 꿈, 친할머니의 꿈에 하늘에 셀 수 없는 별들이 모여 은하수를 이루고 그 은하수가 하늘에서 내려오는 꿈. 어때? 너도 축복받으며 태어났어."

"그럼 나도 대단하네?"

"그렇지!"

"자, 이제 마무리하고 물 주자."

"그래, 난 대단한 아이니까 내가 저 물통 들고 와서 물 줄게."

끙끙대면서 물통을 들고 오는 아이를 보면서 역사 속 인물들의 설화가 아이의 자부심과 자긍심의 큰 역할을 할 수 있다는 것에 감명받았다. 앞으로 내가 해줄 이야기에 더 많은 민족 자긍심과 본인의 자존감이 높아지길 기대하면서 나 역시 역사를 좀 더 깊게 공부하여 올바른 역사관을 심어줘야겠다고 생각하게 되었다.

타조 알 엄청나게 크다

금요일 오랜만에 휴가를 내어 새벽 일찍 물가로 나갔다. 낚시를 하고 있으니 머리도 맑아지고 기분도 한결 좋아졌으나 한편으로는 평일에 아빠 휴가라고 좋아하던 딸아이가 눈에 밟혀서 일찍 집으로 갔다. 집에 도착하자 딸아이도 학교를 빠진 터라 늦잠을 잤는지 눈을 비비며 나왔다.

"딸 일어났어? 혹시 오늘 어디 가고 싶은 곳 없어?"

"음, 버드파크!"

동물을 좋아하는 딸은 어디 가고 싶어 물어보면 나오는 단골 장소이다. 어쨌든 오늘도 어김없이 새들 먹이 기부하러 경주로 향했고, 요즘은 내가 새들 집사까지 하는 기분이었다.

한 바퀴 쭉 돌고 알이 있는 곳에 갔더니 그동안 못 봤던 건지 커다란 알이 있었다. 그리고 그곳에는 박혁거세의 이야기가 적혀 있었다.

"와, 알 엄청나게 커."

"그러네. 알이 엄청나게 크다."

"근데 여기 적혀 있는 박혁거세가 알에서 태어났다는 게 사실이야?"

"설화, 신화라고 하지. 단군 할아버지 이야기나 동명왕 설화처럼."

"아, 단군 할아버지 곰 이야기랑 부여 동명왕 이야기처럼."

"와, 똑똑하네. 근데, 너 그거 알아? 알에서 태어난 사람은 박혁거세뿐만은 아니야."

"그러면 또 누가 있는데?"

"고구려의 동명성왕도 알에서 태어났지. 지난번에 농장에서 부여 이야기 해줬지? 그때 서안이가 그 속의 진실을 알고 싶다고 했지. 그 이야기를 지금부터 해볼까?"

"오케이! 좋아."

"그럼, 지금부터 아빠가 고구려 백제 이야기를 해줄게. 그리고 왜 이런 신화가 생기는지도 알려줄게."

아이는 눈을 반짝거리며 나의 손을 꼭 잡았다.

"고구려의 탄생을 이야기하기 위해서는 부여의 금와왕부터 이야기해야 해."

내가 웃으며 이야기하였다.

"왜?

"그래야 이야기가 연결되거든. 역사는 흐름이니까."

"옛날 동부여의 왕인 해부루가 살고 있었지. 그런데, 해부루는 늙을 때까지 자식이 없었어. 그래서 산천에 기도를 드리곤 했지. 어느 날 해부루는 말을 타고 가던 중 말이 이끄는 대로 멍하니 흘러간 날이 있었어. 말은 이윽고 곤연이라는 곳에서 멈춰 섰지. 그곳에는 커다란 바위가 있었어. 그런데 갑자기 말이 그곳에 서서 눈물을 흘리기 시작하는 거야.”

“오, 말이 눈물을 흘려?”

“그러게, 왕도 놀랐겠지? 왕은 깜짝 놀라 살펴보니 금빛이 빛나는 개구리를 닮은 사내아이가 있는 거지. 해부루 왕은 신비하게 여겨서 아이를 ‘금빛 개구리 즉, ‘금와’라고 이름 짓고 아이를 키우게 돼. 그 아이가 바로 동부여의 왕 금와왕이야.”

“오, 사람이 개구리 닮으면 어떤 모습일까? 킥킥.”

“그래. 근데 사실 개구리를 꼭 빼닮았기보다는 부여의 상징적인 동물을 개구리로 표현한 거지. 어찌 되었든 금와는 자라서 동부여의 금와왕이 되었어. 그리고 이야기는 계속 이어져. 어느 날 금와왕은 산책하러 강가로 나가게 되었어. 거기서 강의 신 하백의 딸인 유화를 만나게 돼. 금와왕은 유화를 보고 첫눈에 사랑에 빠지게 된단다. 그런데.”

“재미있는데 갑자기 이야기를 끊어?”

“재밌잖아.”

나는 일부러 아이의 애를 좀 태웠다.

“빨리 이야기해줘.”

“그래, 그런데 유화는 이미 하늘의 아들인 해모수의 아이를 가진 상태였어! 유화의 배 속에 아이가 있었던 거야. 그 사실을 안 유화의 아버지 하백은 화가 나서 유화를 내쫓았지. 그리고 금와왕은 유화를 궁에 데리고 와서 살게 했어. 금와왕은 유화를 사랑했거든.

"금와왕도 대단하다. 다른 사람 아이를 가진 사람을 데리고 오다니."

"그렇지? 한참이 지난 후 유화는 아기가 아니라 알을 놓게 돼."

"엥? 알?"

"그래, 그 알에서 고구려의 동명성왕 주몽이 탄생한 거지."

"우와, 주몽도 알에서 태어났네, 옛날 사람들은 알에서 많이 태어나는 구나!"

"음, 그 부분은 좀 있다가 이야기해줄게. 그런데 문제는 여기부터 발생하기 시작했어. 금와왕은 유화를 사랑했기 때문에 자기 아들처럼 키웠지만, 금와왕의 아들들은 아니었어. 주몽이 금와왕의 아들들보다 훨씬 더 재주가 뛰어나다 보니 금와왕의 아들들은 주몽을 질투하기 시작했어. 그리고 마침내 자신의 왕자 자리를 위협하는 주몽을 없애 버려야겠다고 생각했어. 이를 눈치 눈치챈 유화부인은 주몽에게 얼른 떠나라고 이야기했어. 주몽은 그때 예 씨 부인이 있었고, 배 속에 아들도 있었어. 주몽은 조그만 칼을 두 동강 아무도 모르는 곳에 숨겨두고 아내에게 훗날 아이가 태어나거든 이것을 가지고 나를 찾아오게 해라고 이야기한 부여를 떠나게 돼."

"어? 어디서 들어본 이야기 같은데?"

"좀 그렇지? 이제부터 더 비슷하다. 주몽은 목숨을 다해 달렸어. 그러던 중 큰 강가에 이르게 되었는데, 물살이 너무 세서 도저히 건널 수가 없었지. 주몽이 이곳에서 생을 마감하는구나 하고 생각했는데, 갑자기 물고기와 자라가 강에 길을 만들어 줘서 무사히 강을 건너게 되지. 그리고 본인의 성을 고씨로 고치고, 고구려라는 나라를 건국하게 되는 거야."

"어? 그…, 주말농장에서 했던 이야기와 똑같은데."

"그렇지? 부여 동명왕과 똑같은 이야기 같지?"

"응!"

"자, 일단은 이야기를 마저 해볼게. 고주몽이 고구려를 세우고 아들을 둘 두었는데 바로 비류와 온조란다. 바로 우리나라 최초의 여자 영웅이라고 말할 수 있는 소서노의 자식들이지. 고주몽은 부여에 두고 온 부인과 아들을 늘 그리워했는데, 어느 날 한 사내아이가 주몽을 찾아와. 가슴속에 부러진 칼을 들고!"

"아들이구나!"

"그래, 바로 고주몽의 아들 유리가 주몽을 찾아오지. 주몽은 너무나도 기뻤고, 눈물을 흘리며 아들을 맞이했어. 그런데, 비류와 온조는 어떨까? 본인들이 고구려의 왕이 되겠다고 생각했는데?"

"화날 거 같아."

"그래, 그래서 비류와 온조는 어머니 소서노와 함께 본인들을 따르는 무리를 데리고 새로운 국가를 세우기 위해서 떠나 온조는 지금의 서울에 터를 잡고 나라 이름을 십제라고 하여 국가를 세우지. 비류는 지금의 인천, 미추홀로 가서 나라를 세우는데, 인천은 바닷물뿐이라 살기가 힘들었고 결국 사람들은 온조의 곁으로 향했지. 결국, 사람이 많아지면서 온조는 어머니와 함께 백제라 이름을 고치고 국가의 왕으로 등극하는 거야."

"그럼, 고주몽의 아들은?"

"고주몽의 아들 유리는 고구려의 2대왕 유리왕이 되지."

"비류는 어떻게 되었어?"

"안타깝게도 비류는 자신의 선택을 비난하다가 결국 병에 걸려 세상을 뜨게 되지. 물론 스스로 목숨을 끊었다는 말도 있어."

"안타깝다."

딸아이는 표정이 어두워지며 고개를 숙이더니 갑자기 다른 생각이 났는지 번쩍 고개를 들며 나에게 말했다.

"그런데…."

"그런데 뭐?"

"온조는 알에서 안 태어났어?

"왜?"

"아니, 동명왕하고 동명성왕은 알에서 태어나서 막 멋지고 그런데 온조는 아무것도 아닌 것 같아서."

"그 속에 숨은 뜻이 있다고 한 거 기억나?"

"응."

"설화가 진짜이든 진짜가 아니든 숨은 뜻이 있지. 이제부터 그 신화와 설화가 왜 만들어졌는지를 알려줄 거야."

"이제까지 기다렸어."

"그래, 그 이야기를 해보자. 부여나 고구려는 왕이 존재하였지만 여러 부족과 마을을 통합해서 만들 나라였어. 예를 들어 1반, 2반, 3반, 4반, 5반 선생님이 모두 따로 있지? 그리고 학교에는 교장 선생님이 있지? 나라의 왕 주몽이 있지만, 주몽 밑에는 각 부족장이 백성들을 이끄는 거지.

각 부족이 나라를 다스리고 있었고 그런 부족들의 왕이 있었던 형태. 너 교장 선생님 만나본 적 있어?"

"그냥 TV로만 봤어."

"그렇지. TV로만 보던 교장 선생님이 좋아? 담임선생님이 좋아?"

"당연히 우리 선생님이지."

"그래, 나라를 다스리는 것도 똑같아. 백성들은 한 번도 보지 못한 왕보다는 자신을 다스려 주는 부족장이 훨씬 더 믿음직스러웠던 거지. 왕을 잘 모르던 백성들을 하나로 결집하고 왕이 대단하다는 것을 알리기 위하여, 왕들은 신화를 만들어 냈어. 그리고 사람들 사이에 소문이 퍼지기 시작한 거야. '와, 알에서 태어났는데, 여기로 오는 중에 물고기와 자라가 올라와서 도왔는데, 우리 왕은 하늘에서 도와주는 왕이야. 우와, 우리 왕 만세!' 그게 진실이든 진실이 아니든 백성들은 왕을 더욱 믿게 되겠지. 너도 듣고 있으니 신기하고 대단한 사람 같잖아?"

"응, 우리랑은 다른 사람 같아."

"그래서 탄생한 게 이런 신화야."

"아, 이제 알겠다. 교장 선생님이 만약에 알에서 태어났다고 하면 나도 우리 선생님보다 교장 선생님이 더 좋을 것 같아!"

"그래! 바로 그거지!"

"반면에 온조왕은 처음부터 본인이 따르는 무리를 이끌고 나라를 세웠어. 굳이 신화니, 설화니 만들지 않아도 왕을 따르는 신하 그리고 비류에게서 온조만을 믿고 떠나온 백성들이기에 이미 백성들 사이에서 많은 인기를 얻고 있었던 거야."

"아하! 그렇구나!"

"이제 왜 신화가 생기는지 알겠지? 그리고 하나 더 이렇게 쭉 이야기를 듣다 보니, 결국 부여에서 도망친 고구려의 동명성왕 그리고 고구려에서 나온 백제 온조왕 모두 부여에서 그 뿌리가 있다는 것을 알 수 있겠지?"

"응! 그러네, 모두 같은 나라라고 볼 수 있겠네. 근데 왜 박혁거세는 이야기 안 해줘?"

"아, 그걸 알려면 옆에 계림으로 가서 이야기하는 게 더 좋은데…."

"여보! 계림에 들렸다가 산책 좀 하고 갈까?"

아내는 웃으며 고개를 끄덕였고, 우리는 신나게 계림으로 달려갔다.

왠지 닭 소리가 들리는 거 같아

계림으로 향한 우리는 계림 내의 숲길을 걷고 있었다. 비가 온 뒤라서 그런지 공기는 청명했고 기분도 좋았다.

"아빠, 근데 박혁거세 이야기한다면서 왜 엉뚱한 숲길만 걷고 있어?"

"좋잖아. 공기도 좋고, 냄새도 좋고. 이런 곳에서 이야기해야 이야기가 더 잘 들어오지 않아?"

"난 지겨운데?"

"그러면 더 지겹기 전에 이야기해 볼까?"

"응, 이야기 들려줘야지? 아빠?"

"그래, 알았어. 부여, 고구려, 백제가 있었고 나중에 부여가 사라지고 나서 신라가 생기게 되는데, 물론 중간에 옥저, 동예, 가야 같은 나라가 있었지만 가장 큰 나라 세 나라는 북쪽의 고구려. 서쪽의 백제, 그리고 동쪽의 신라지 이들을 모두 합해서 삼국시대라고 부른단다."

"와, 우리나라도 삼국지가 있는 거야?"

"그럼! 중국의 삼국지도 물론 재미있지만, 우리나라의 삼국지도 만만치 않아!"

"우와! 멋지다."

"사실 삼국 중에 가장 일찍 생겼지만, 국가의 기본구조는 가장 늦게 만들어진 나라는 신라였어."

"그래? 그럼 신라 이야기가 제일 신기하겠다."

"왜?"

"아빠가 그랬잖아. 교장 선생님이 약한 나라가 신기한 이야기가 많다고."

"그렇지! 점점 똑똑해지는데? 자, 여기 지금 우리가 서 있는 이곳은 신라의 천년고도 신라의 발생지 경주이지. 또 우리가 경주 이 씨이고, 우리는 초대 경주의 6촌장의 후예라고 볼 수 있어."

"그래? 그럼 우리 조상들의 이야기이네?"

"맞아."

"그리고 왕이 약한 나라이니만큼 신라의 건국 이야기가 가장 신비롭고 화려하지. 자, 그럼 시작한다."

"응, 들을 준비되어 있어!"

"신라는 당시 6개의 부족국가로 이루어져 있었어, 6개의 부족국가의 부족장들이 모여서 회의를 하고 있는데, 어디선가 말 울음소리가 들리는 거야. 부족장들은 말 울음소리가 나는 곳으로 가보니 날개를 단 하얀 말이 커다란 알을 품고 있는 거야. 말은 사람들을 보더니 날아가 버렸고, 알만 덩그러니 남겨졌지. 그 알을 가지고 와서 고이 모셔놓으니 알이 서서히 깨지더니 사내아기가 나오는 게 아니겠어? 6촌장들은 꼭 박처럼 생긴 알에서 나왔다고 하여 성을 박 씨로 하고 이름을 혁거세로 지었지."

"오, 또 알이다."

"그렇지? 그 일이 있고 얼마 지나지 않아서 알영정이라는 우물가에 용이 나타났는데, 그 용이 옆구리로 여자아이를 낳았지. 그런데 여자아이는 입이 닭 부리같이 생긴 거야. 사람들은 이 여자아이를 안아서 월천북로라는 내천에 씻기자 닭 부리가 떨어져 나갔다고 해. 그리고는 완전한 여자아이가 되었어."

"이번에는 용이네?"

"그래. 화려하지? 6촌장들은 아이의 이름을 알영이라고 하고, 박혁거세와 13세가 되던 해 결혼시켰어. 드디어 신라의 왕과 왕비가 생기는 순간이고, 6촌을 모두 모아 신라를 탄생시키게 된 거란다."

"우와, 여기는 알에 용에 엄청나네."

"응, 그렇지."

"그럼, 계림은 무슨 상관이야?"

"음, 여기도 신기한 이야기가 있는 곳이지. 앞서서 아빠가 이야기했듯이 신라는 그 나라가 안정적이지 못했어, 박 씨가 세운 국가는 얼마 가지 못해 석 씨 탈해왕이 왕으로 등극하게 돼. 물론 탈해왕도 알에서 태어났다고 하지."

"뭐, 전부 알이야. 이제 놀랍지도 않아."

"그렇지?"

"어느 날 탈해왕이 닭 울음소리가 유난히 많이 나는 숲이 있다고 하길래 그곳으로 행차했는데 금으로 된 상자에 아이가 들어 있었다고 해. 그 아이를 보고 성을 금 그러니까 지금의 김 씨로 지어주고 이름을 '알지'라고 지어서 키웠지. 그리고 김알지는 다음 왕이 된단다. 그래서 닭 울음소리가 나는 숲이라고 하여 계림이라고 부르게 된 거지."

"신라는 나라 세운 왕도, 다른 왕들도 다 알에서 태어나고, 금으로 만든 상자에 들어 있고 그러네?"

"그래, 신라는 초대 박 씨, 그다음 석 씨, 김 씨까지 왕의 성씨가 3번이나 변경되지. 그만큼 나라가 안정적이지 못했던 거야."

"안정적이지 못했다는 이야기는 뭐야?"

"강력한 왕 아래에 신하들이 있고 백성들이 있고 해야 하는데 그렇지 않고 왕이 자꾸 바뀌는 거지. 아들에게 물려주는 것이 아니었던 거야. 앞의 이야기들처럼 박혁거세는 6 촌장이 지배하고 있던 나라로 들어온 다른 부족이었고, 그다음 탈해왕도 마찬가지. 그리고 김알지도 6 부족 중 다른 힘 있는 부족의 부족장이겠지. 계속 싸우면서 왕이 바뀌었다는 이야기가 되겠지. 어쨌든 신기하지?"

"응, 다 알아듣지는 못해도 신기하긴 해."

"왠지 이곳에 닭 울음소리가 들리는 거 같지 않아? 숲의 나무도 신기하게 생겼고."

"그런 거 같아. 꼬끼오~"

아빠, 노예가 뭐야?

아이에게 역사를 하나하나 일러주면서 아이가 가장 이해하기 힘든 부분이 있다면 단연 신분제도라는 생각이 들었다. 신분제도는 아이들이 읽는 역사책에 이러한 신분이 있었다, 지배층이 있었다 등으로 표현되어 있지만 왜 신분이 생겨났는지는 설명되어 있지 않다.

태어날 때부터 민주주의 국가에서 사는 아이에게는 왕, 백성의 관계부터 알기 어려운데, 신분제를 설명하기에는 더욱이 어려움을 느꼈다. 나역시 어렸을 때는 이해하기 힘들었다는 생각이 들고 나이가 들어서야 자연스럽게 이해하게 된 것이라 본다. 그러나 현재 시점에서 아이에게 신분제도의 탄생을 원론적으로 설명해야 앞으로의 역사 이야기를 더 쉽게이해하지 않을까 생각한다. 회사를 퇴근하고 집으로 돌아오자, 아내가책을 읽어주며 진땀 빼는 모습을 보았다. 책은 노예 소년에 대한 이야기였다.

"그러니까 엄마, 노예가 뭐야?"

"음, 노예라는 것은 전쟁 등으로 인하여 패배한…."

심리치료 박사과정을 밟고 있는 아내였지만 이런 설명은 힘에 부치는가 보다. 나를 쳐다보는 눈빛이 간절하게 느껴졌다.

"아빠 씻고 와서 가르쳐 줄게."

이내 딸아이는 쪼르르 달려와서 꾸벅 인사를 하고는 내가 화장실에서 씻을 때까지 문 앞을 지키고 서 있었다.

"서안아, 너 아빠한테서 여태까지 신라 건국까지 이야기 들었지?"

"응, 알에서 태어난 혁거세."

"신라에는 골품제라는 제도가 있었어."

"제도가 뭐야?"

"어길 수 없는 규칙 같은 것이지. 모두가 따라야 하는 규칙. 이 규칙은 나라에서 정하면 절대 어길 수 없고 평생을 가지고 가야 해. 옛날로 돌아가서 상상해 보자. 이제 어떤 사람이 왕이 되는지 알고는 있을 테고, 그럼 이제 서안이가 왕이 되었다고 생각해 보자. 서안이는 이제 왕이 되었어. 너는 왕이 되고 나서 뭘 하고 싶어?"

"음, 젤리하고 아이스크림 먹고 싶어."

"그럼 그것을 만드는 사람이 있어야지? 그래야 먹을 것 아니야."

"응, 그렇지."

"자, 그럼 넌 그것을 잘 만드는 사람을 너 옆에 두고 매일 만들라고 시키겠지? 근데 그러려면 그 사람에게도 뭘 줘야 할 것 아니야?"

"응! 돈!"

"그렇지. 돈도 주고 많이 만들 수 있는 명령권도 주고 등등."

"그리고 젤리 만드는 사람이 죽을 때가 돼. 그럼 그 젤리 만드는 사람은 그 돈과 명예를 쉽게 다른 사람에게 줄까? 아니면 자기 자식에게 줄까?"

"자식에게 주겠지."

"그래, 그럼 아들이 죽으면 또 아들에게 또 아들에게 대대손손 왕 옆에서 잘 살고 싶겠지?"

"오, 그렇구나."

"그래, 왕들은 자신이 만들고 싶은 국가를 건설하기 위하여 자기 옆에 똑똑하고 유능한 신하를 두기 시작했어. 그리고 그 신하들은 점차 아들로 전해 준거지. 그런데, 이 같은 일이 계속되자 신하라는 사람들은 자기들만 잘살려는 방법을 고심하기 시작했어. 그것을 신분제라는 규칙을 만들었지. 즉, 태어날 때부터 신분이 결정된 거야. 신라에는 이런 신분제도를 골품제라고 했어. 왕이 될 수 있는 진골, 귀족인 성골 그리고 신하가 될 수 있는 육두품 이렇게 나누어진 제도를 골품제도라고 했지. 비단 신라뿐 아니라 고구려 백제 역시 신분제를 두고 있었어."

"음, 뭔가 싫은 거 같아."

"그래, 게다가 전쟁하거나 다른 부족을 점령하였을 때 지배당한 부족은 노예라는 것으로 이름 짓고 마음대로 일도 시키고 정말 사람에게 할 수 없는 짓들도 서슴지 않았지. 신분제도라는 것은 그렇게 생겨난 거야. 국가가 세워지면서 왕이 생기고 왕 옆의 신하가 생기고 그 신하들을 가리켜 귀족이라고 하고, 그 귀족들은 백성을 다스렸고, 전쟁 등을 통하여 잡아 온 사람들을 노예라고 부르고 그 노예가 자식을 낳으면 역시 노예로 삼았지. 이 신분제는 그저 태어나면 이미 정해진 데로 산다는 것을 의미하는 거야. 그러나 꼭 나쁜 것은 아니야. 이 역시 자연스러운 현상이지. 우리 역사에서 계속 있는 제도야. 앞으로 아빠가 설명해 줄 고구려, 백제, 신라를 넘어 고려 조선에 이르기까지 모두 신분제는 존재하지."

"그래도 좀 나쁜 것 같은데?"

"그렇지 않아, 비단 우리나라뿐 아니라 전 세계 어느 나라든 신분제는 모두 가지고 있어. 물론 이 신분제가 어떻게 없어졌는지도 설명해 줄 테지만 그 시대 그 당시의 문화였다는 사실로 받아들이면 돼. 이러한 체제로 국가가 운영되었고 그게 발전에 발전을 거듭하다가 지금의 나라가 된 거니까. 이것은 옳고 그름의 문제가 아니거든."

"그럼 우리는 뭐였어?"

"우리는 경주이씨 익제공파라는 문파의 자손이지만 현재는 그런 것보다는 얼마나 본인이 가지고 있는 능력을 발휘하느냐에 따라 삶이 달라진단다. 그래서 아빠도 끊임없이 공부하고 노력하는 거지."

"신분제가 없는 거네?"

"그렇지. 딸, 역사 속의 인물들은 때로는 신분제의 혜택을 보고 빛을 발한 사람도 있지만, 일반 백성이나 노예로 태어나서 역사 속에 이름을 남긴 사람들도 많아. 넘어서지 못하는 규칙을 넘어설 정도로 노력을 한 그야말로 대단한 위인들이지."

"와! 누가 있어?"

"아주 많은데, 지금 하나하나 다 설명할 수는 없고 차근차근 알려줄게.

이제 노예가 어떤 건지 잘 알겠지?"

"응!"

"그럼 이제 서안이가 어떻게 해야 하는지도 알겠지?"

"응! 책 많이 읽고 밥 잘 먹고 엄마·아빠 말씀 잘 들어야 해."

"그것보다 더 중요한 것은 우리 딸이 하고 싶은 것을 하는 거야 즐겁고 행복하게."

현재 우리가 사는 사회 역시 눈에 보이지 않는 신분이 존재한다는 사실을 차마 알려주지는 못했다. 바른 역사관을 심어 줌으로써 딸아이가 살아가는 세상에도 신분이 존재하지만 이를 넘어설 수 있는 노력이 있다는 것을 스스로 깨닫게 되기를 진정으로 바랐다. 그리고 내가 사는 이 세계에도 진정으로 평등한 사회가 되길 바라보았다.

할머니, 할아버지 저 왔어요

아내와 나는 결혼을 하고 아내의 친정이 가까운 곳으로 직장을 옮기게 되어 거주하고 있다. 그래서 자연스럽게 주말이면 자주 아내의 친정으로 놀러 가는 일이 많다. 반면 친가는 조금 떨어진 김해에 그것도 김해에서 더 시골로 들어가는 진영이라는 곳에 있으므로 사실 방문하기가 쉽지 않다. 더욱이 코로나 사태 이후로는 방문이 드물었던 것이 사실이다.

오랜만에 친가를 방문하는 길이라 딸아이도 신이 나 있었다. 집으로 들어서자 딸아이는 신이나 뛰어 들어갔다.

"할머니, 할아버지 저 왔어요!"

"아이코, 우리 강아지 한번 안아보자. 와! 많이 컸네~"

"엄마, 아버지 저희도 왔어요."

"어."

아무리 내리사랑이라고 하지만 오랜만에 본 아들 얼굴을 본 건지 만 건지 연신 딸아이 볼을 비비는 어머니, 아버지 모습이 신기하고 재미있는 심정을 일으켰다.

"그래, 우리 서안이 학교는 잘 다니고 있어?"

"네!"

"할아버지, 나, 여기에 재미있는 곳에 가고 싶어요!"

"그래, 그래 할아버지가 재미난 곳에 데리고 갈게."

"아버지, 어디 가시게요?"

"다 생각이 있다. 앞장서서 운전이나 부탁하자."

전형적인 경상도 아버지로 내가 자랄 때 아버지에게 하루에 3마디 이상 말을 들을 수 없었던 나로서는 요즘 아버지의 행동이 신기하기만 하였다.

우리가 온 곳은 국립김해박물관이었다.

"아버지, 제가 평소에 서안이에게 역사 이야기 많이 해줘서 지겨워할 수도 있는데요."

"아니다. 김해에 왔으면 이런 곳을 가봐야지. 그리고 이제 서안이도 어느새 역사를 배울 만큼의 나이는 되었고, 아마 재미있을 거다."

"서안이 재미있을 것 같아?"

"응, 할아버지하고 예전에 전화 통화하다가 할아버지가 박물관 간다고 해서 좋다고 한 적 있었어. 할아버지가 약속 지킨 거야."

"그렇구나."

신이 나서 할아버지 손을 잡고 들어가는 딸아이의 모습을 보며, 오늘은 내가 좀 쉴 수 있을까 하는 기대감이 생겼다.

"자, 우리 서안이 역사에 대해서 좀 알고 있니?"

"아빠가 어느 정도 이야기 해줘서 알아요."

"그럼, 가야라는 나라에 대해서도 아니?"

"그런 나라도 있어요? 고구려, 백제, 신라만 알아요."

"그래? 이 김해라는 곳은 가야의 탄생지란다. 그래서 가야의 유적, 문화가 많이 서려 있는 곳이지. 우선, 가야의 탄생부터 보면서 이야기해볼까?"

"고구려, 백제, 신라 이야기는 들었지? 그 국가들이 왕도 만들고 신하도 백성도 만들면서 국가라는 것을 하나씩 세울 무렵이야. 여기 김해 땅 주변으로 6개의 부족이 국가는 세우지 못하고 족장을 중심으로 살고 있었지."

"그럼 할아버지, 가야는 왕이 없었던 거예요?"

"그렇지. 왕 없이 부족장들이 사는 국가였지. 그런데 어느 날 하늘에서 소리가 들리는 거야. "거북아, 거북아, 머리를 내밀어라. 내밀지 않으면 구워 먹으리." 하면서 춤을 추면 임금을 얻게 되리라. 그 소리를 들은 부족장들은 그대로 따라 했더니 하늘에서 상자가 6개 내려왔어. 그 상자에는 아이가 한 명씩 들어 있었어. 부족장들은 각각의 아이를 필두로 6개의 나라를 세우고 그 아이들을 왕으로 세웠지. 그들은 가야동맹으로 하여 여섯 개의 국가가 하나의 국가처럼 끈끈이 이어졌지. 그중 가장 영토가 넓은 나라는 금관가야 김해지역의 가야였고, 초대 왕은 김수로왕이란다.

김해김씨의 시조시지."

"할아버지 근데 가야라는 나라는 왜 1개가 아니라 6개야? 나 신화가 있지만, 진실은 다른 거라고 알고 있어."

"오! 대단한데? 아마 할아버지 생각에는 6개의 부족이 각각 왕을 세우면서 국가체계로 발전하게 되었고 그 6명의 왕은 서로 비슷한 힘을 가지고 있었던 게 아닐까 생각이 든단다. 그래서 1명의 왕을 세우지 않고 6개의 국가가 서로 도우면서 발전을 거듭하게 된단다."

"그리고 가야는 어떻게 되었어요?"

"가야는 3국이 커지자 힘이 점차 약해졌지 결국은 신라에 멸망하고 말아. 사실 말이야, 가야는 지리적으로…음… 그래 여기, 이 지도에 나와 있는 것처럼 삼국에 샌드위치에 햄처럼 끼어 있는 형국이었어."

아버지는 지도를 가리키며, 설명을 이어가셨다.

"아! 그렇구나. 작은 나라네요. 별거 아닌 것 같아요."

"아니야 그건, 가야가 왜 중요한지 일러줄게."

"가야는 말이다. 강력한 철을 만들어 낼 수 있는 국가였단다. 그리고 뛰어난 외교술을 가진 나라였지."

"외교술이 뭐예요?"

"그건 아빠가 이야기해줄게. 외교술이라는 것은, 예를 들어 서안이가 가야라고 하자. 친구 중에 승원이, 서현이, 범준이 등이 다른 나라들이야. 그 친구들과 서로 소통하고 또 물건을 사고팔기도 하고 서로 친하게 지낼지 의논도 하는 기술을 의미하는 거야. 간단히 너희들 친구들끼리 하는 행위들을 국가들이 똑같이 하는 거지."

"그래, 아빠 말이 맞다. 나라끼리 본인의 국가와 다른 국가가 서로 소통하는 행위를 말하지. 계속 이야기하자면 가야는 철을 수출해서 돈을 벌고, 물건을 거래하는 무역업을 하다 보니 자연스레 항해술, 즉 배를 모는 기술이 뛰어났지. 아래로는 왜, 지금의 일본과 위로 서쪽으로는 고구려를 피해 바다로 중국과 거래를 했단다. 그러면서 해상의 강국으로 발달하게 되지."

"와, 대단하네요."

"그래, 중요한 것은 여기에 있단다. 해상강국으로 발달한 가야를 사람들은 잘 모른단다, 그런데, 우리나라 사람들이 이를 모를 때 가야라는 나라를 노리는 국가가 있어."

"거기가 어딘데요?"

"바로 일본이란다."

"일본은 가야의 역사를 본인들의 역사라고 우기고 있단다."

"말도 안 돼. 우리 땅에 있는 역사인데 왜 자기네 역사라고 우겨요?"

"그 당시 가야에는 자연스럽게 일본인들도 많이 들어와 있었고 가야의 문화 중에는 일본의 문화와 비슷한 문화들이 많단다. 또한, 백제가 가야를 부추겨서 신라를 공격하게 하였고 가야는 일본과 함께 신라를 대대적으로 공격하게 될 때, 그 주된 군대가 일본 군대였다는 주장이지. 또 후에 백제가 일본과 함께 가야 일부를 정복할 때 그 앞서서 공격했던 군대가 일본이었고 백제가 나서게 된 것도 일본 왕이 백제에 명령을 내려서 그렇게 된 것이라고 억지를 쓴단다. 물론 좀 더 깊게 설명하면 아직은 이해가 힘들 수 있으니, 이것만 분명히 기억하렴. 가야는 확실한 우리의 역사라는 것을.”

“듣다 보니 화가 나네요.”

“그래, 화를 내야 한단다. 우리는 우리 민족의 역사를 이해하고 확실히 알아야 해. 다른 나라가 우리 민족의 역사를 빼앗아 가게 지켜보면 안 되지. 그래서 우리 서안이 같은 어린이들이 장차 자라서 이 나라의 역사를 계속 지켜가야 하는 것이란다.”

이야기를 듣던 딸아 눈빛이 뭔가 결의의 찬 듯 박물관에 있는 물건들을 하나하나 살펴보고 또 꼼꼼히 읽어보기 시작했다.

“서안아, 가야는 말이다 비록 연맹국이다 보니 1개의 단일 된 국가보다는 약할 수밖에 없었단다. 그러나 가야는 뛰어난 외교술로 백제와 함께 신라를 공격하기도 했지. 나름의 용맹성을 보여준 나라였단다. 가야가 멸망한 후에도 가야의 귀족 가문에 있던 여러 장군이 신라에서 명성을 크게 얻기도 하였단다. 그중에 김유신 장군이 대표적 인물이지.”

딸은 어느 때 보다 할아버지의 설명에 귀 기울였고, 또 열심히 관람하였다. 뭔가 확실하게 알았다는 듯 집으로 오는 내내 박물관에서 본 것을 엄마에게 설명해 주는 것을 보니, 내 가슴도 함께 뜨거워졌다.

땅따먹기할 사람!

주말에 아파트 뒷마당으로 딸과 함께 잠깐 놀기 위해 나갔다. 아파트 뒷마당에는 아이들이 삼삼오오 모여서 모래 마당에 두꺼비집을 만들고 있었다. 딸아이는 평소에 놀고 있는 서현이, 승원이, 범준이, 서윤이, 현승이와 함께 어울리기 위해서 뛰어 들어갔고, 이내 소리쳤다.

"땅따먹기할 사람!"

"나! 나! 나!"

아이들은 다 같이 모여 땅따먹기를 시작했고, 나는 뒤에서 구경하고 있었다.

"얘들아, 삼촌이 그림 그려 줄 테니 그 그림으로 땅따먹기해 볼래?"

나는 한국 지도와 중국 지도를 대강 그리고 가위바위보를 시켜 아이들에게 땅을 나눠 주었다.

"형님, 이렇게 그려서 뭐 하게요?"

구경하던 옆집 승원이 아빠가 물었다,

"응, 애들 땅따먹기도 하고 역사도 가르쳐주게."

이윽고 경기가 끝나고 각자 땅이 결정되었다. 게임에서 진 아이들과 이긴 아이들을 다 같이 불러 모았다.

"너희가 놀이했던 이 땅이 어느 나라 땅인지 알아?"

"우리나라요."

"맞아."

"근데 우리나라 땅은 이만큼 안 커요."

"그래? 근데 우리 역사 속에 우리 땅이 이만큼이었던 적이 있단다."

"진짜요?"

"이야기 어때? 들어볼래?"

"네."

아이들은 정자 앞에 모여들었고 자랑스러운 고구려 역사에 관하여 이야기를 시작했다.

"너희들 고구려라는 나라를 아니?"

"나 알아. 아빠."

"음, 우리 다른 친구들은?"

"잘 몰라요."

"그래도 한번 들어보렴."

"우리나라의 아주 아주 먼 옛날 고구려라는 나라가 있었어. 지금 시작할 이야기는 고구려의 전성기 광개토대왕부터 장수왕까지 대 만주벌판을 누비고 다니던 자랑스러운 우리 조상에 관한 이야기란다."

아이들은 옛날이야기라고 해서 그런지 다들 나를 주목하고 있었다. 나는 만면에 웃음기를 띠며 이야기를 시작했다.

"고구려라는 나라에 소수림왕이라는 왕이 있었단다. 소수림왕 때는 이렇게 국가가 크지는 않았어. 그러나 소수림왕은 국가라는 기틀을 탄탄히 하고 왕이 국가를 앞서서 지휘할 수 있는 체계를 마련했지."

"왕은 원래 마음대로 하는 게 아니에요?"

"그래, 좋은 질문이구나. 왕이라고 할지라도 각 부족의 부족장들이 군사를 가지고 있었기 때문에 혹시라도 몇 개의 부족이 군사를 가지고 왕에게 덤비면 왕도 어쩔 도리가 없었지. 이에 소수림왕은 법률을 만들어 모두에게 알린단다. 규칙을 만든 것이지. 그렇게 하면 규칙이 있으니 함부로 왕에게 덤비지 못할 테니까. 그리고 학교를 세우고 교육을 철저히 하고 불교에 가지고 들어와 국민이 불교를 믿게 하여 통치기반을 아주 튼튼히 했단다."

"그럼 소수림왕이라는 사람이 고구려를 만든 거예요?"

"그렇지는 않아. 고구려는 고주몽이라는 사람이 세웠지만, 소수림왕이 고구려의 기틀을 탄탄히 했다고 볼 수 있지. 그러나 소수림왕은 아들이 없었고, 그 뒤를 이어 소수림왕의 동생인 고국양왕이 왕이 되었단다. 고국양왕 역시 나라의 기틀을 단단히 했어. 광개토대왕은 소수림왕의 조카로 고국양왕의 아들이야. 큰아버지와 아버지의 업적을 받아 튼튼해진 나라를 기반으로 본격적인 정복에 나섰단다. 광개토대왕의 이름은 담덕. 왕위에 올랐을 때 그의 나이는 18살이었단다. 지금 고등학교 2학년 정도지. 그리고 광개토대왕은 왕위에 오른 직후부터 각국의 정복에 나섰단다."

"우와! 18살."

"상상해 보렴, 고등학교 2학년 정도 되는 아주 앳된 남자아이가 고구려를 대표하는 검은 철기를 몸에 두르고 말을 몰며, 천하를 호령하는 모습을."

"와! 엄청나게 멋있어요."

남자아이들은 벌떡 일어나 칼싸움 흉내를 내며, 방방 뛰어 댔다. 아이들을 진정시킨 나는 다시 말을 이어 갔다.

"그래, 광개토대왕의 살아 있을 때의 호칭은 영락대왕이었단다. 그리고 국가의 연호라는 것을 영락이라고 했지. 연호라는 것은 왕이 생길 때를 기준으로 1년, 2년을 세는 기준을 의미한단다. 지금처럼 2021년 같은 것이 그때는 없었거든, 우리나라만의 연호를 쓴다는 것은 우리는 중국과 다르고 거대한 나라와 어깨를 나란히 한다는 이야기야. 광개토대왕은 북쪽으로는 드넓은 만주 지역을 점령하고 숙신, 동부여를 점령하였으며, 선비가 세운 후연을 몰아내고 우리 땅으로 침입하지 못하게 하였지, 그리고 남으로는 백제를 토벌하기 시작했어. 백제는 이때 결국 고구려에 무릎을 꿇고 말아, 또 고구려는 백제와 일본이 손을 잡고 신라를 공격하여 신라가 위기에 처해 있을 때 둘을 몰아내고 신라를 도와줘. 결국, 신라도 고구려에 기대어 국가를 살릴 수 있었다는 거지."

"에이! 삼촌 그럼 우리 땅이 엄청 넓겠네요? 광개토대왕이 그렇게 했는지 어떻게 알아요? 옛날 일인데?"

옆집 승원이가 질문을 던졌다.

"광개토대왕의 이러한 업적들은 그의 아들 장수왕이 세운 광개토대왕 비라는 것에 새겨져 있단다. 그 광개토대왕비에 그렇게 적혀져 있단다. 그런데 광개토대왕비는 오랜 세월을 지나다 보니 몇 가지 글자가 지워져 있고, 그러다 보니 그의 업적 중 백제와 왜가 신라를 공격한 사실과 광개 토대왕이 이를 도운 내용을 마음대로 바꿔, 일본이 신라, 백제, 가야를 식 민지로 삼았었다고 하여 임나일본부설이라는 말도 안 되는 주장을 일본 이 하였지. 백제가 일본과 함께 신라를 공격했고 신라를 정복하여 백제 와 신라가 본인들의 식민지가 되었다는 주장이지. 잊어서는 안 돼, 우리 가 역사를 모르고 아무렇게나 내버려 두면 오랜 옛날부터 그랬듯이 나쁜 마음을 먹는 사람들이 그 역사를 훔쳐 가려고 한단다."

"근데 아빠, 아빠가 전쟁은 좋지 않은 것이라고 했잖아."

"그렇지."

"근데 그렇게 전쟁을 많이 했으면 광개토대왕도 그렇게 좋게 안 보이 는데?"

"오, 아주 날카로워."

"광개토대왕비에는 이런 구절이 있어 '왕의 은택이 하늘까지 미쳤고 위엄은 온 세상에 떨쳤다. 나쁜 무리를 쓸어 없애자 백성이 모두 생업에 힘쓰고 편안하게 살게 되었다. 나라는 부강하고 풍족해졌으며, 온갖 곡 식이 가득 익었다.' 어때? 백성들이 힘들었을까?"

"대단하구나."

"그래, 광개토대왕은 우리 역사 안에서 다시없을 대단한 땅을 정복하 였어. 광개토대왕이 있는 동안 고구려의 주변 나라들은 모두 고구려를 무서워했단다. 그가 닿는 곳은 곧 그의 땅이 되었고, 그가 소리치는 곳은 곧 우리의 백성이 있었던 거야. 천하의 명장 그 사람이 바로 광개토대왕이야. 그리고 그의 아들 장수왕 역시 계속하여 땅을 넓혀 갔어. 그리고 수도를 국내성이라는 북쪽에서 평양성이라는 남쪽으로 옮겨서 본격적인 남쪽 정벌에 나서, 아마 이때 고구려가 삼국을 통일하였다면, 우리나라의 역사가 달라졌을 수도 있지.”

“삼국 통일은 뭐에요?”

“삼국은 뭔데요?”

“그래서 어떻게 돼요?”

아이들은 궁금한 것들을 전부 쏟아내듯 질문했다.

“음, 궁금한 게 많겠지만 지금을 좀 접어두자. 이야기가 너무 길어지니까. 지금까지 삼촌이 한 이야기를 다 잊어버려도 괜찮은데, 하나만 기억하렴, 고구려의 역사는 자랑스러운 대한민국의 역사이며, 동아시아의 최대 강국으로서 만주벌판을 호령하던 호랑이의 피가 우리에게도 흐른다는 것을”

“이야~”

이야기를 마치자마자 아이들은 벌떡 일어나 뒷마당을 뛰어다녔다. 시간이 많다면 아이들에게 동북아공정에 대하여 더 자세히 이야기해주고 싶었고, 발해에 대하여도 알려주고 싶었지만, 정확히 나의 이야기를 이해하지 못할 수도 있고 섣불리 편협한 역사관을 심어줄 수도 있기에 아직은 시기상조라고 생각이 들기도 했다. 흐름을 모두 알려주게 되면 확실히 알려주는 것이 좋을 것이라는 생각이 들었다.

나 역시 아이들의 뛰는 모습을 보며, 오랜만에 가슴 벅찬 감정이 느껴졌다.

낚시 가자

"서안아, 아직 준비 멀었니? 여보?"

오늘은 기다리고 기다리던 낚시를 가족과 함께 떠나는 날로 목적지는 충남 당진으로 잡았다. 먼 거리였지만, 오후 배를 타기로 하고 처음으로 딸과 함께 충청도로 향했다. 내려오는 길에 공주 부여 등을 들려 백제의 기상을 느껴보고자 한 이유도 있었다.

"아빠, 지금 가는 곳은 어디야?"

"충남. 그러니까 옛 백제의 땅이지."

한참 삼국의 세 나라에 빠진 딸은 백제에 대하여 이것저것 아는 것을 이야기하기 시작했다.

"그래서 백제는 온조왕이 세운 거라 이 말이지, 엄마."

"그래, 그래, 그 아버지에 그 딸이구나~ 어휴."

"왜~ 멋지잖아~ 8살 애들 중에 저렇게 역사 아는 애 드물다."

"그래그래~"

아내는 귀찮다는 듯이 이야기했지만 그래도 내심은 자랑스러워하는 것 같았다. 낚싯배를 타고 신나게 고기가 잡힐 줄 알았지만 고기는 한 마리도 안 잡히고, 지루해지기 시작했다.

"나 지루해."

"그래? 그럼 낚시 끝나기 전에 아빠한테 백제에 관한 이야기 들어볼래?"

"오~ 좋아!"

"여긴 당진 앞바다. 예전 백제의 바닷길이야. 뒷마당에서 광개토대왕에 관하여 이야기 들었지? 이제 백제의 전성시대에 관해서 이야기해보자."

"근데 백제는 이름이 그래서 그런가? 좀 약해 보여. 아빠가 일러준 땅을 봐도 좀 작은 것 같고."

"그렇지 않아, 삼국 중 가장 외국과의 교류가 활발했고, 내실이 튼튼하였으며, 무역이 활성화되고, 화려했던 나라야. 그 기틀은 바야흐로 근초고왕에 이르러서 백제의 전성기가 열리게 되지."

"근초고왕?"

"시대로 따지면 근초고왕은 광개토대왕의 아버지인 고국양왕과 같은 시대를 살았단다."

"그야말로 전란의 시대를 살아온 왕이라고 할 수 있어. 이때의 중국을 빼놓고는 백제의 전성기를 이야기하기 힘들어. 그때 중국은 삼국지의 전란이 끝나고 진이라는 나라가 세워졌단다. 그런데 진은 그리 오래가지 못했지 서로 싸우고 다투다가 갈라지고 결국 힘이 약해지고 있던 때였어, 백제의 서북쪽으로는 대방 낙랑 동북쪽으로는 선비 등 각종 나라가 생기고 각 영웅이 각국에서 내가 왕할 거야 하면서 나서던 그러한 시대야."

"나 알아. 군! 웅! 할! 거!"

"와~! 너 그걸 알아?"

"아빠가 예전에 이야기해 줬잖아. 삼국지 이야기해주면서."

"오~ 맞아. 놀라운데. 자~ 그럼 근초고왕을 한번 들여다보자. 근초고왕은 백제의 13대 왕이란다. 근초고왕의 가장 큰 업적을 보자면 고구려와의 전쟁에서의 승리, 그리고 가야의 일부 정복 마한의 정복 등이 있지."

"오~ 상당히 정복을 많이 했네?"

"그렇지. 근초고왕은 우선 신라와의 관계를 좋게 만들었어. 외교술이 뛰어났지."

"근데 왜 신라와 친해지려고 했던 거야?"

"백제는 가야를 정복하고 있었거든. 그런데 그 바로 옆에 있는 신라가 있었지. 혹시나 신라가 가야와 연합하여 공격하면 뒤통수를 맞을 수 있어서 그런 거지. 그러면서 일단 이쪽 당진 땅 바로 아래에 있던 마한이라는 작은 소국을 먼저 점령한 뒤 파죽지세로 밀어붙여 가야를 정복한단다."

"오~ 그럼 근초고왕한테 가야가 망한 거네? 할아버지 속상하시겠는데."

"할아버지 나라도 아닌데 속상해할 필요가 뭐 있어. 백제에 멸망한 것은 아니고 가야는 나중에 신라 법흥왕에게 금관가야가 멸망하고 이후에 진흥왕에게 대가야가 멸망하지만, 백제에도 일부를 빼앗겼지. 아무튼, 아래쪽을 정복하고 나자 근초고왕의 생각은 위쪽을 향했지. 이때 고구려는 이미 미천왕 때 그 나라의 기틀을 잡았어. 비록 고국원왕 때 여러 외침으로 인해서 다소 약해졌지만, 소수림왕 때 다시 튼튼한 나라가 건설되었을 때라 걸쳐 백제는 단순히 보면 상대가 되지 않았어. 전쟁은 고구려에서 먼저 시작했지. 고국양왕은 직접 2만 명이라는 군사를 이끌고 백제를 쳐들어왔어. 그러나 백제군의 강경한 기세 앞에 전쟁에서 지고 말았어. 고구려는 이를 갈며 준비하여 2차 전쟁을 일으켰어. 그러나 또 다시 근초고왕에게 패배하고 말아. 근초고왕은 그 기세를 몰아 고구려의 평양성으로 진군했고, 이 전쟁에서 고국양왕은 또 패하고 말아. 그리고는 병을 얻어 죽게 되지."

"광개토대왕의 아버지?"

"그렇지, 광개토대왕의 아버지."

"그럼, 백제의 전성시대가 고구려의 전성시대보다 먼저네."

"그렇지! 바로 그 점이야. 백제는 삼국 중에 가장 먼저 전성시대를 마련했고, 단순한 부족국가에서 고대국가로 가는 길을 먼저 가게 되었지. 근초고왕은 전쟁뿐만 아니라 국가의 내실도 튼튼히 하여 백성들도 잘 보살피는 왕이었단다. 그리고 중요한 게 또 하나 있지."

"뭔데?"

"칠지도!"

"칠지도? 그게 뭔데?"

"일본에 있는 국가가 관리하는 보물이야. 칠지도는 굉장히 특이하게 생긴 모양을 가지고 있어."

"근데 그게 왜?"

"칠지도에는 앞면에 34자의 한자가 적혀 있고, 뒤에는 27자의 글자가 적혀 있지. 하지만 그중에서는 지워진 글자가 있어. 예전에 할아버지께서 임나일본부설이라는 일본의 역사침탈에 대해서 잠깐 이야기한 적 있지? 일본은 이 칠지도가 일본의 신공 황후가 신라와 임나 7국 즉 가야연맹을 평정하고 제주도를 백제에 하사하자 백제에서 칠지도를 바쳤다고 주장해. 말도 안 되는 주장이지."

"백제가 뭐가 아쉬워서 일본에 칼을 만들어서 바쳐?"

"그래, 뭐가 아쉬워서. 칠지도는 분명 백제의 왕이 일본의 왕에게 하사한 물건이라는 거야. 분명히 일본은 백제의 신하 국가와 같은 위치였다는 거지. 칠지도에는 '제후국의 왕' 즉, 동생 국가라는 문구를 사용했고, 일본 왕의 이름 '지'를 직접 썼어. 일본이 우리보다 높았다면 어떻게 왕의 이름을 함부로 부르겠어?"

"그러네!"

"그래, 자~ 어쨌든 백제는 네가 생각하는 것과는 다르게 아주 멋진 국가였다는 생각이 들지?"

"응! 어…. 낚싯대 이상해."

"잡혔다~! 어서 끌어 올려."

딸과 나는 마침 물때를 만났는지 이야기가 끝나는 직후부터 낚시가 잘 되기 시작했고, 신나게 리조트로 돌아왔다. 이후 여행한 공주와 부여에서 백제의 기상을 느낄 수 있었고 가는 곳마다 딸은 연신 탄성을 터뜨렸다. 이렇게 하여 우리의 백제 여행은 마무리되었다.

여기가 내 땅

얼마 전 장모님과 같이 마련한 시골 촌집에서 뛰어놀던 딸은 나뭇가지를 떡 하니 세우면서 외쳤다.

"여기가 내 땅~!"

"딸과 조카 두 녀석은 돌아가면서 나뭇가지로 땅을 표시하고 건너뛰기 놀이하는 듯했다."

"민아~"

나는 가장 나이가 많은 조카를 불렀다.

"동생들 데리고 이리로 와 볼래?"

"네, 고모부."

아이들은 무슨 일인지 의아해하며 내 앞으로 모여들었다. 나는 손수레를 꺼내어 아이들을 태우고 마을 어귀에 있는 비석을 향해 손수레를 끌었다.

"고모부, 근데 어디 가는 거예요?"

한참을 장난치던 작은 조카는 문득 어디로 가는지 궁금했는지 똘망똘망한 눈으로 나를 응시하며 물었다.

"응~ 너희들 나뭇가지 들고 땅 건너뛰기 놀이하길래 진짜로 땅은 어떻게 표시하는지 보여주려."

마을 어귀에는 커다란 돌로 만든 비석이 있었고, 마을 이름이 적혀 있었다. 마침 옆에 풍경 좋은 정자도 있어서 시원하게 쉬기에 안성맞춤이었다.

"저 큰 돌 보이지?"

"저게 마을을 표시하는 표시 돌 머릿돌이라고 하는 거야. 지금이야 구청이나 시청에서 딱 나눠서 땅의 경계를 확인해 주지만 옛날에는 그렇게 할 수가 없어 이렇게 돌을 세워 놓곤 했지. 옛날이야기인데 이런 돌들을 땅땅 찍어가면서 여기가 내 땅하고 외친 사람이 있어. 어때? 들어볼래?"

"네."

나는 아이들에게 순수비를 여기저기 세우면서 영토를 개척해 나갔던, 신라의 최고 전성기를 이끈 진흥왕에 대하여 알려 주기로 했다.

"자~옛날 신라에 그러니까 여기 울산도 신라의 땅이었지. 이곳에 진흥왕이라는 왕이 탄생한단다."

"오~ 아빠 드디어 신라의 전성기를 이야기해주는 거야?"

"그렇지~! 더군다나 진흥왕은 너희들 보다 어린 7살에 왕위에 올랐단다.”

“피~ 거짓말하지 말아요.”

첫째 조카 민이가 뾰로통하게 입을 내밀며 말했다.

“진짜야, 7살짜리 어린애가 무슨 왕이 되겠냐 하겠지만, 역사적으로 아주 어린 나이에 왕에 오르는 인물들이 많아. 그렇지만 대신에 엄마가 왕의 일을 수행했지.”

“옛날에는 민이 나이면 왕이 될 수 있었는데 신기하지?”

“진짜예요?”

“그래~ 신라의 법흥왕이 아들이 없이 돌아가시고 7세에 왕위에 오른 진흥왕은 어머니의 도움을 받다가 12년 후 18세에 비로소 왕의 업무를 시작하게 되지. 이때 고구려는 여전히 땅이 넓은 국가였지만 광개토대왕과 장수왕이 죽고 나자 서로 왕이 되겠다고 싸우는 바람에 나라 안이 시끄러웠고, 북쪽에 돌궐이라는 이민족이 호시탐탐 내려와 백성들을 괴롭혀서 큰 골머리를 앓고 있었지. 백제 또한 근초고왕이 죽고 나자 나라가 점점 그 힘을 잃어가고 있었어. 즉, 고구려와 백제보다 뒤늦게 그 전성기를 맞이한 것이 바로 신라야. 그리고 그 전성기를 이끈 진흥왕은 때를 잘 타고난 사람이라고 할 수 있지. 하지만 그냥 때만을 잘 타고난 사람은 아니란다. 진흥왕이 본격적으로 왕의 업무를 수행하자마자 첫 번째 한 일은 불교를 받아들이는 것이었어.”

“나 알아~! 진흥왕은 백성들을 하나로 모았구나!”

“그렇지. 종교를 받아들인다는 것을 백성들을 하나로 뭉치는 좋은 효과를 내지. 그리고 어린 청소년들을 훈련 시켜 화랑이라는 인재를 키워

냈단다."

"오~ 화랑 나들어본 것 같아요."

"그래 민아, 삼국을 통일하는 데 아주 중요한 역할을 한 집단이지. 그리고 진흥왕은 드디어 북쪽으로 진군을 시작했단다. 예전에 신라는 백제와 손을 잡고 가장 강대했던 고구려를 상대한 일이 있었어. 그 시기에 고구려의 장수왕에게 계속해서 밀려들던 신라는 백제와 동맹을 맺고 대항했던 거지. 그러나 장수왕의 강력함 앞에 무릎 꿇었었어. 바야흐로 시간이 흘러 고구려가 약해졌다고 판단한 진흥왕은 백제의 성왕에게 연락했어 ' 지금이 고구려를 칠 적시입니다. 손을 잡고 고구려를 침공합시다.' 결국 백제의 성왕과 진흥왕은 고구려를 공격했고 약해진 고구려는 결국 땅을 빼앗기는 굴욕을 맛보게 된단다. 그리고 신라와 백제는 사이좋게 이 땅을 나누어 가진단다. 하고 이야기하면 이상하지?"

"왜? 백제하고 신라하고 사이좋게 나누어 가지니 좋은데?"

"아니, 나라끼리 싸우고 뭔가를 사이좋게 나누어 가진다는 것은 좀 이상한데요?"

큰조카 민이가 나섰다.

"우리 민이 생각이 아주 날카로운데?"

"그래, 진흥왕은 백제를 기습 공격해. 그리고는 순식간에 땅을 빼앗아 버려. 그리고는 백제의 성왕은 가만히 있었냐고? 아니지. 그럴 리는 없지. 백제의 성왕은 대가야와 일본까지 끌어들여 신라를 공격했으나 이 전투에서 성왕은 죽게 돼. 그리고 백제가 힘을 발휘하지 못하는 틈을 타서 대가야를 정복해 버리지. 이때부터 신라와 백제는 철천지원수가 되는 거야. 이때 최전선에서 싸운 장군이 바로 이사부 장군이야."

"신라 장군 이사부!"

"그래, 그 신라 장군 이사부."

"진흥왕은 이에 멈추지 않았어. 고구려가 약해진 틈을 타서 동북쪽으로 전진 또 전진했지. 그리고 신라가 세워진 이래로 가장 넓은 영토를 얻게 돼. 이때 이사부 장군이 울릉도와 독도를 점령하고 신라 땅으로 귀속시키지. 진흥왕은 후에 신라가 개척한 땅을 돌면서 이렇게 돌로 만든 비석을 세웠는데, 그것이 그 유명한 '순수비'야."

그렇게 신이 나서 이야기하고 있는데 작은 조카는 침울한 표정을 지었다.

"지민이 왜 이야기가 재미없어?"

"아니요."

"그런데 왜 그래?"

"그렇게 전쟁 많이 하면 많이 죽잖아요."

"그렇지 많이 죽었겠지. 그래서인지 진흥왕은 나이가 들자 머리를 깎고 승려처럼 살았다고 해. 본인에 의해서 죽어간 사람들에 대해 속죄를 하고자 하였을까? 그건 잘 모르겠어. 하지만 지민아, 우리뿐 아니라 전 세계의 모든 역사가 전쟁으로 이루어진 역사란다. 그것은 하나의 역사로만 받아들이는 것이 좋을 듯해. 그리고 그런 아픔이 있었기 때문에 지금 우리는 전쟁을 겪지 않고 평화롭게 살아가는 거겠지. 너무 낙심하지 마."

"예전에는 나도 그렇게 생각했는데, 지금은 괜찮아. 그냥 역사니까, 그냥 그렇게만 알고 넘어가려고. 그러니까 지민아, 별거 아니야."

옆에 있던 딸이 조카를 위로했다.

"그래, 뭐 여기까지가 신라의 최고 전성기 이야기였어. 이렇게 비석이 있는 것을 보면 고모부는 가끔 진흥왕의 순수비가 생각난단다. 그리고 너희들도 한 번씩 떠 올려보렴."

"자~ 이제 들어갈까? 고모부가 고기 구워줄게."

"소시지도요."

"그래, 아주 비석같이 생긴 돌판에다 구워 먹자~!"

아이들은 소리 지르면서 달려갔지만, 문득 역사를 이야기하면서 아이들의 생각과 철학이 내가 이야기하는 가운데 스며들 수 있음을 생각하게 되었고, 그러기에 정확한 역사를 알려주고 신중히 가르쳐야 하겠다고 생각했다.

우리의 소원은 통일

나에게는 할머니가 한 분 계시다. 어릴 적 나를 키워주시고 나의 곁에서 언제까지나 계실 줄만 알았던 그런 외할머니. 할머니는 함경도 출신으로 한국전쟁 당시 남한으로 피난을 와서 살고 계셨고, 이곳에서 자리를 잡으셨다. 그리고 돌아가시기 직전 나에게 언제나 북에 있는 동생을 보고 싶다고 말씀하셨다. 할머니께서 돌아가시고 장지를 다녀오던 중 딸은 나에게 물었다.

"아빠, 똥개 할머니는 왜 북한에서 남한으로 오신 거야?"

딸아이가 어릴 때 할머니께 방문하면 할머니는 딸아이를 늘 우리 똥개 왔냐며 반겨 주셨기에 딸아이도 똥개 할머니라고 불렀다.

"응, 우리나라가 안타까운 전쟁이 나서 남한으로 전쟁을 피해서 오셨지."

"그 전쟁은 왜 일어났어?"

사실 이런 전쟁을 왜 일어났는지 지금의 우리나라가 왜 분단국가인지를 설명하기에는 시기상조라는 생각이 들었고, 그 이야기를 하기에 앞서서 먼저 이러한 상황들이 벌어지는 이유를 원론적으로 설명하고 이해하게 되었을 때 알려주는 것이 옳다는 생각이 들었다.

"음, 서안아. 그 이야기는 아주 나중에 다시 이야기하기로 하고, 분단되어 있다가 합쳐진 고구려, 백제, 신라의 이야기를 한번 들어볼래? 그게 더 재미있을 것 같은데?"

"그래? 그럼 한번 들어볼래."

"너, 삼국을 통일한 나라가 신라라는 사실은 알고 있지? 근데 삼국의 통일 과정에 대해서는 모르지?"

"응, 아빠가 신라가 아니라 고구려가 통일했다면 더 땅이 넓어질 수 있었다고 해서 알고는 있었어."

"그래, 이 이야기는 상당히 긴 이야기가 될 수 있어. 고구려가 이 민족을 막은 이야기부터 신라의 김춘추와 김유신이 어떻게 통일을 이룩하게 되었는지 맨 앞부터 맨 뒤까지 이야기 해줄 거야. 어차피 한참을 가야 하니까 한번 들어 볼까?"

"오케이~"

"자~ 그럼 시작한다. 먼저 이때의 시대상을 한번 들여다보자. 우선 이때는 중국이 또 하나의 국가로 다시 통일되었을 때야, 이름하여 '당'이지. 그런데 막 생긴 나라는 어때?"

"음, 지나온 이야기 들을 생각해 보면 왕을 잘 안 믿고 그래서 법을 만들고 불교를 믿게 하고….”

“상당히 똑똑해졌네~.”

“그것 말고도 또 하나 있지. 다른 나라와 전쟁을 하게 되면, 서로 똘똘 뭉치게 되는 효과가 있어. 일단 먼저 당나라 이전에 수나라부터 보자. 이 수나라는 중국대륙을 통일하고, 고구려를 눈을 돌려. 고구려를 정벌하러 나서지 1,2차에 걸친 전쟁을 일으켰고, 자그마치 113만 군대를 이끌고 고구려를 침공한단다.”

“113만?”

“얼마나 될지 모르겠지? 얼마나 많은 숫자이냐면, 군대에서는 2줄이나 4줄로 성을 나서겠지? 이 군대가 모두 성을 나가는데 만 한 달이 넘게 걸렸다는 일화가 있어.”

“헉, 성을 나가는데만?”

“그래, 그만큼의 군대를 이끌고 고구려를 쳐들어오지. 어떻게 되었을까?”

“으, 생각만 해도….”

“수나라 군대는 113만군대를 이끌고 한꺼번에 수도인 평양성으로 들어왔어 이때 고구려는 청야전술이라고 해서 성문을 걸어 잠그고 밖에 백성들을 모두 성안으로 데리고 들어와서 성안에서 농사를 지으며 살게 하고 밖으로는 우물을 모두 메워버리고 곡식을 없애는 등 식량을 떨어지게 만드는 전술을 펼치지. 그럼, 사람이 많은 만큼 식량도 많이 필요한데 점점 식량이 떨어지겠지?”

“그러네. 그렇겠다.”

"그래, 그렇게 고구려에서 계속 버티자 수나라는 별동대를 만들어서 약 30만 군인을 따로 뽑아서 평양성을 직접 공격하게 해, 이때~! 을지문덕 장군이 나서지. 을지문덕 장군은 그들이 오는 길목인 살수의 모든 우물과 강물을 막고 기다려, 자, 기다려~기다려~기다려~."

"뭐야~ 자꾸 기다리래."

"그리고 수나라 군대가 왔을 때 펑! 일제히 둑을 터뜨리지, 수공! 물로 공격한다는 의미야."

"아~ 깜짝이야."

"이 수공으로 수나라 병사는 약 2,000명밖에 살아 돌아가지 못해. 이 전투를 살수대첩이라고 부른단다. "

"대단…."

"그래, 그렇게 수나라는 물러가고, 당나라가 새로이 세워지게 되지. 당의 이세민은 우습게도 연개소문이 왕을 갈아치우자 이것을 벌해야 한다는 어처구니없는 이유로 고구려를 다시 침공하지."

"무슨 그런 이유가 있어? 자기 나라 왕도 아닌데."

"자기네가 전 세계의 중심이라는 중화사상이 바탕이 된 것이지. 자기네 허락을 받지 않고 고구려라는 소국에서 마음대로 신하가 왕을 갈아치우는 것은 용납하지 못한다는 논리야. 하지만 이건 그냥 핑계를 만들어서 오랜 숙적인 고구려를 점령하려는 이유도 있었어."

"고구려는 상당히 괴로웠겠다."

"지리적으로 고구려는 중국과 닿아 있고, 게다가 전투력이 뛰어난 국가이다 보니 당나라의 눈에는 가시 같은 존재였지. 그때 당시에 당에 대항할 수 있었던 나라는 오직 고구려뿐 이었으니까. 다른 나라들은 모두 이세민 앞에 무릎을 꿇었거든.”

“그럼 당이 대단한 나라인 거네.”

“그렇지. 하지만 고구려도 만만치 않아. 이세민이 고구려를 침공할 시 연개소문이라는 대단한 장수가 고구려를 다스리고 있었단다. 불세출의 영웅이지. 연개소문은 전쟁에서 단 한 번도 패배한 적이 없는 그야말로 대단한 장군이었지. 당의 왕 이세민 역시 당을 건국할 당시 당 태조의 아들로서 한 번도 패배가 없는 중국의 영웅이었어.”

“으아~ 그럼 진 거야?”

“과연 그럴까? 물론 처음에는 당의 기세에 눌려서 고구려 역시 연패를 거듭하였지. 이세민은 순식간에 고구려를 밀고 들어오다 평양성으로 가는 길목에 안시성이라는 곳에서 멈춘단다. 이세민은 이 조그마한 성은 2일 안에 넘는다고 공언했지. 하지만 안시성에서 이세민은 후퇴할 수밖에 없었어.

“정말? 이긴 거야?”

“응. 비록 조그마한 성의 몇 안 되는 군사와 백성이었지만 안시성에서 성의 주인 양만춘 장군과 하나로 똘똘 뭉친 백성들은 1달간의 싸움 끝에 이세민을 몰아낸단다. 어마어마한 전투였지. 군인과 군인도 아닌 모든 백성이 양만춘 성주를 중심으로 뭉쳐서 백전불패의 당나라 군대를 꺾은 위대한 승리였어. 그 전쟁에서 이세민은 양만춘 장군이 쏜 화살을 눈에 맞았어. 전투에서 밀리던 양만춘 장군이 마지막에 쏜 이 화상은 정확히 이세민의 눈에 박혀버렸어. 그리고 고구려의 지원군이 도착하자 당나라는 물러갈 수밖에 없었어. 이후 이세민은 화살을 뽑고 치료를 받았지만, 그 부분이 덧나서 병으로 죽게 되지. 이세민은 죽으면서 아들들에서 유언을 남겨 '절대 고구려와 싸우지 마라' 어때? 고구려가 얼마나 대단한 나라였는지 알겠지?"

"우와, 대단하다."

"그래, 그러나 아빠 말 안 듣는 이세민의 아들들은 그 이후에도 고구려의 침공은 계속되었어, 연개소문은 고구려의 철기 병들을 이끌고 모조리 물리치지. 하지만 계속될 것 같았던 고구려의 역사는 점점 쇠퇴해간단다. 바로 연개소문이 죽고 난 이후부터 고구려는 내리막길을 걷게 돼. 연개소문은 죽으면서 3명의 아들에게 '너희는 절대로 싸우지 말고 사이좋게 지내야 한다.'라고 유언을 남기지만 삼 형제는 서로 싸우고 다툰단다. 그러다 보니 고구려는 나라는 점점 약해져 버렸던 거지. 자 여기까지가 삼국 통일 당시의 고구려 상황이야."

"고구려는 정말 대단한 나라였구나."

"그래, 삼국 중 가장 강대했고, 가장 이민족과의 전쟁이 잦았던 만큼 그 기상도 훌륭했던 나라지. 그런데 왜 하필 고구려가 아니고 가장 늦게 발전하고 가장 작았던 신라가 통일할 수 있게 되었을까? 그 이야기 속에는 제갈공명에 버금가는 두 천재 김춘추와 김유신의 이야기가 숨어 있단다."

"그 제갈공명?"

"그래, 그 제갈공명에 버금가는 천재들이지. 하지만 제일 재미있는 이야기는 나중으로 미루고 이제 백제를 살펴보자."

"백제는 가장 먼저 전성기를 맞이했지만, 점점 쇠퇴해가고 있는 상태였어. 이제 백제의 마지막 왕 의자왕이 왕이 된단다."

"삼천궁녀 의자왕?"

"응, 하지만 사람들이 알고 있는 것과는 좀 달라. 의자왕이 삼천 궁녀들과 맨날 놀고, 마시고 한 왕인 줄 알지만 그렇지는 않아. 원래 의자왕은 아주 영민한 왕이었단다. 실제로 집권 초기에는 군사를 이끌고 신라를 쳐들어가 약 40개의 성을 가지고 오는 성과를 거두기도 했고, 나라 안을 잘 살펴 백성들의 칭송도 자자했지."

"의자왕도 원래 똑똑한 사람이구나?"

"그렇지. 어느 날 의자왕은 군사를 이끌고 신라의 대야성이란 곳을 공격하는데, 그 대야성 성주는 바로 신라 김춘추의 사위였어. 의자왕은 대야성을 무너뜨리게 되는데, 문제는 김춘추의 딸 고타소가 전쟁 중에 죽게 된 거지. 김춘추는 딸을 잃은 슬픔에 온종일 기둥에 서서 먹지도 자지도 않고 눈물조차 흘리지 않았다고 해. 꼭 사람이 아닌 것처럼. 그리고는 복수를 다짐하지. 어찌 되었든 의자왕은 초기의 이러한 성과와는 달리 왕이 된 지 15년이 되자 술에 빠지고 궁녀들과 매일 놀기만을 반복했어. 백제는 점점 쇠퇴해지고 결국 신라에 무너지는 결과를 가져오게 되지."

"결국 의자왕이 나라를 망친 거네?"

"그렇긴 하다만, 사실 역사에 기록이라는 것은 승자의 기록이란다. 신라가 삼국을 통일했는데, 그 기록에 의자왕을 어떻게 썼을까? 공주를 죽인 자를?"

"아~!"

"그래, 이제 알겠지? 의자왕은 그렇게 모자라고 나쁜 왕은 아니었을 확률도 있어. 자~ 그럼 이제 가장 재미있는 이야기인 김춘추와 김유신이 어떻게 삼국을 통일하게 되었는지 이야기해 보자."

"김춘추는 신라의 진골 출신으로 왕이 되는 성골 출신은 아니지만, 나중에 무열왕이 되는 인물이야. 김유신은 가야의 몰락 귀족의 자제로 어릴 때부터 강직한 성품과 대쪽 같은 심성으로 유명한 인물이야. 그런 김유신을 잘 나타내는 이야기가 있는데 한번 들어봐."

"응."

"김유신은 어릴 때 영특하고 무술을 잘하였으나 어느 날 아름다운 여인에게 반하게 되고 매일 그 여인을 만나느라 공부와 무술을 내 팽개치게 돼. 이에 보다 못한 어머니가 나무라자 김유신은 다시는 그 여인을 만나지 않겠다고 다짐했지. 그러던 어느 날 김유신은 피로에 지쳐 말에서 깜박 졸게 되는데 어느새 말이 그 여인의 집 앞으로 향하고 있었던 거야. 김유신은 말에서 내려 그 말의 목을 내리쳤어. 자신과의 약속은 반드시 지키겠다는 의지였던 거야."

"오~ 그렇긴 한데, 자기가 키우던 말까지 죽일 필요가 있어?"

"자신의 약속을 향한 무서운 집념이지. 그러한 정신이 삼국을 통일하는 데 중요한 역할을 한 거라고 보면 돼."

"아~ 김유신은 대쪽 같은 장수였구나."

"그렇지. 이 두 사람은 천하의 통일을 위하여 한데 뭉쳤어. 김춘추는 의자왕이 자기 딸을 죽인 복수를 하기 위하여 우선 목숨을 건 외교전을 펼친단다. 천하 통일을 위하여 먼저 백제를 무너뜨리려고 했던 것이지."

"그런데 왜 목숨을 건 외교술이야?"

"신라와 백제는 원수지? 백제는 일본과 친해. 고구려는 백제와 당나라를 견제하는 신라의 적국이고, 당나라는 호시탐탐 우리나라를 노리는 적국이었지. 가서 말 한마디만 잘못하면 어떻게 될까?"

"무섭겠다."

"김춘추는 먼저 일본을 방문하여 백제를 공격할 때 그 전쟁에 끼어들지 말기를 요청해. 일본 역시 백제를 모시고 있었던 터라 전쟁에 참여하지 않는 편이 자신들에게 유리할 거라고 생각을 했겠지. 백제가 무너지면 본인들도 자유가 되니까 말이야. 또 다른 김춘추의 약속이 있었을 수도 있고, 아무튼 그리고 나서 고구려로 건너가서 백제를 공격할 텐데, 고구려는 그 전쟁에 도움을 주지 말아 달라고 설득해. 하지만 고구려의 왕은 김춘추를 오히려 인질로 잡고 감옥에 가둬버려. 어디서 건방지게 신라 따위가 고구려를 설득하느냐는 거였지. 김춘추는 거의 죽기 일보 직전이었어. 하지만 김춘추는 여러 꾀를 내어 감옥에서 풀려나게 돼. 연개소문은 김춘추라는 사람의 영웅성을 알아보고 그가 나중에 큰 적이 되리라는 것을 생각하여 가두었지만 쉽지 않았던 거지."

"오~ 두 영웅의 만남."

"그렇지. 하지만 이 모든 것은 당나라와의 동맹을 결성하기 위한 김춘추의 계산이었단다. 연개소문 역시 신라가 당나라와 연합을 할 줄은 꿈에도 상상 못 했겠지."

"그걸 숨기고 다녔던 거야?"

"그렇지. 대반전이었던 거야. 일본과 고구려를 갔던 것은 그 두 나라가 어떤 상황에 놓여 있는지를 정확하게 알기 위해서였을 뿐. 실제로 그들의 상황을 이해하고 당나라를 이 전투에 끌어들이기 위한 포석! 낚시하기 전에 잔뜩 미끼를 뿌려 본 거지. 정말 대단한 외교술을 펼친단다. 김춘추는 당나라로 넘어가서 당나라의 연호를 인정한다고 했어. 당나라가 대국이라는 것을 인정한다는 것으로 당나라의 환심을 먼저 샀지. 그리고 같이 전쟁을 해서 삼국이 통일되면 평양 아래쪽에 대하여 신라가 다스리기로 하고 고구려의 평양 위쪽은 당나라가 가져가는 협정을 맺지. 마침내 당나라는 고구려에게 복수하고 신라는 당나라를 이용하여 삼국을 통일하는 둘의 의견 일치~! 그리고 무서운 속도로 백제를 공격해.”

“근데 왜 하필 당나라를 끌어들였어?”

“사실 신라의 힘만으로는 백제를 무너뜨리기 힘들었고, 그렇다고 고구려와 연합하기는 힘들었지. 당나라를 끌어드리면 고구려는 섣불리 나서지 않을 것이고, 일본 역시 함부로 전쟁에 나서지 못하겠지. 치밀한 계산을 했던 것이야. 그 당시에 누가 뭐라 해도 가장 큰 나라는 당나라였고 군사가 가장 많은 나라였으니까. 고구려와 일본을 견제하고 가장 약한 백제를 먼저 친다. 어때? 이제 이해가 가?”

“응, 정확히 이해했어.”

“백제는 그 후로 거의 저항 한번 못해보고 무너지게 돼. 하지만, 계백장군의 마지막 백제의 결사대 5000명은 신라와 당나라의 연합군에 맞서서 황산벌에서 결투를 벌인단다.”

“황산벌의 계백~!”

“그래, 계백장군은 전쟁에 나서기 전 아내와 아이들을 죽이고 전쟁에 나간단다. 현실적으로 이길 수 없는 싸움이고 본인이 지고 돌아오면 아내와 아이는 신라의 포로가 되어 비참한 삶을 살아야 한다고 생각했던 것이지."

"헉~ 자기 손으로?"

"비참히 살아남을 바에는 죽는다. 그리고 내 손으로 내 가족을 죽인다. 나 역시 곧 너희들을 따라갈 것이다. 비장한 그리고 비통한 마음으로 전쟁을 나선 거야. 이만큼 죽음을 각오하고 나선 백제군에 맞서서 신라의 군대는 고전을 면치 못했어. 10배나 많은 신라군이었으나 마치 악귀처럼 달려드는 백제의 군대를 어떻게 하지 못하고 전전긍긍했지."

"5천 명 대 5만 명? 맞아?"

"응~ 맞아."

"그런데도 신라가 못 이긴 거야?"

"너무 악귀처럼 달려드니까 병사 숫자가 아무리 많다고 해도 병사들이 겁을 먹게 되는 거야. 전쟁이란 것에 가장 중요한 것은 기세거든. 백제의 기세는 죽음을 각오한 것이었지만 신라는 빨리 전쟁을 끝내고 가족에게 가고 싶어 하는 그리움이었으니까."

"음, 좀 이해가 가는 거 같아."

"김유신의 고민은 점점 많아졌어. 그러던 중 장수왕이 만들어 놓은 화랑이 눈에 띄지. 김유신은 화랑은 사용한다. 김유신은 당시 화랑이었던 관창에게 명령해. '혼자 적진으로 돌격하여 적장의 목을 베거라' 말도 안 되는 명령이지."

"혼자?"

"응~ 혼자 뛰어 들어가라고."

"헉~! 그냥 죽겠는데?"

"하지만 용감한 관창은 창 한 자루 메고 백제의 적진으로 돌격하지. 어떻게 되었을까?"

"죽었을 거 같아."

"아니야. 계백은 알아챘어. 관창을 죽이면, 신라군이 복수심에 덤벼들 것이라는 것을~! 관창을 사로잡은 다음 다시 풀어줘. 사실 계백 장군은 한편으로 그 용맹함에 감탄했던 것도 있을 거야. 그러나 돌아온 관창은 적장을 죽이지 못한 것이 분하여 다시 백제군 속으로 뛰어들었어. 그러나 또다시 잡혔다가 풀려났지. 마지막 세 번째 마침내 계백은 관창의 목을 벤단다."

"결국은 죽은 거구나."

"그렇지. 그런데 문제는 그 뒤에 발생해. 신라의 군대는 그 어린 것이 전쟁에 홀로 나가 용감하게 죽는 것을 보면서 크게 감명받고 그 기세가 백제군을 압도하기 시작한단다. 마침내 신라군의 기세는 그리움에서 복수심이라는 거대한 기세로 백제군을 증오하게 되는 거야. 김유신 장군은 이것을 이용한 거지. 그리고 마침내 황산벌에서 백제군에게 정면으로 돌격하지. 그야말로 양측의 죽음을 각오한 전투. 백제의 5000명은 단 한 명도 남김없이 죽고 만다. 그리고 이 전투를 마지막으로 백제는 더는 저항할 수 없이 멸망하게 돼. 온조 태왕이 나라를 세운 후 찬란하고 빛났던 백제가 역사 속으로 자취를 감추는 순간이었지."

"아빠, 뭔가 숨 가쁜 거 같아. 그리고 백제의 멸망이 너무 슬프다."

"응, 백제의 멸망은 몰아치듯이 정리가 되었고, 아름다웠던 백제가 멸망한 것 또한 슬픈 일이지."

"그럼, 고구려는?"

"음, 사실 고구려는 스스로 무너졌다고 보는 편이 맞을 것 같아. 아까 고구려의 연개소문이 죽고 나서 그의 아들들이 다퉜다고 했지?"

"응, 형제끼리 싸웠다고."

"그래, 아빠는 고구려라는 나라를 우리나라의 가장 자랑스러운 역사 중 하나라고 본단다. 우리나라 북방에서 중국과 접해 있으면서도 강력한 군사력과 정신으로 동아시아의 그야말로 호랑이로 군림했던 국가이지. 신라와 당나라가 연합해서 백제를 쓰러뜨렸다고는 하나, 고구려는 쉽게 무너지지 않았어. 이때까지 연개소문이 살아 있을 때야. 연개소문은 백제가 멸망했다는 소리를 듣자마자 군사를 준비했단다. 당나라의 소정방은 35만의 군사를 이끌고 고구려를 쳐들어 왔어. 이때 신라군은 고구려로 들어간 다음에 평양성 부근에서 당나라군과 합쳐서 공격하기로 생각했지. 그것을 파악한 연개소문은 압록강을 두고 당나라 군대가 강을 건너지 못하도록 철저히 막았지. 그러자 당나라 군대는 바닷길을 이용하여 공격했어. 당나라 군대는 고구려 땅으로 올라와 평양성을 공격하기 시작했어. 그러나, 고구려가 어떤 나라냐?"

"동아시아의 호랑이~!"

"맞아~! 청야전술! 고구려의 평양성은 100일 동안 당나라군의 군대에 흔들리지 않았지 그야말로 철옹성! 철로 뚫어도 뚫지 못하는 성을 이야기하는 말이야. 게다가 연개소문은 조용히 평양성 내에서 기습을 노렸어. 당나라의 방효태라는 장수가 이끄는 정예군을 기습하여 쳐부숴 버렸지. 마침 한겨울이 되었고, 식량이 떨어진 당나라 군대는 참패하여 돌아갈 수밖에 없었어."

"그럼 고구려는 지지 않았네?"

"그렇지."

"그런데, 그로부터 4년 뒤 연개소문이 죽었어."

"아~!"

"당나라와 신라는 뛸 듯이 기뻤지. 그 기쁨이 곧 현실로 나타나기 시작해. 고구려 연개소문의 동생 연정토는 자기가 대장이 되고 싶어서 연개소문의 세 아들을 이간질하기 시작했어. 이 이간질에 넘어간 둘째 남산과 셋째 남건은 첫째 남생을 공격했고, 남생은 당나라로 도망갔어. 본인의 생각과 다르게 연정토 역시 대장이 될 수 없음을 깨닫자 고구려의 12개 성을 가지고 신라에 가서 항복해 버려. 자기만 잘살자고 나라를 팔아 버린 거지. 그리고 첫째 연남생은 당나라로 넘어가서 당나라가 고구려를 공격할 때 그 길잡이가 되어서 자기의 나라를 공격해. 결국, 고구려는 그렇게 멸망한단다."

"말도 안 돼. 결국 연개소문이 목숨 바쳐서 지킨 나라를 동생하고 아들이 망친 거잖아."

"맞아. 고구려는 내부에서부터 멸망했던 거야. 삼국 중 가장 땅이 넓고 강대했던 나라, 무를 숭상하며 전투를 무서워하지 않았던 대단한 기상의 호랑이는 결국 내부의 병으로 인하여 무너져 버린 거야."

"아쉽다. 정말."

"그렇지? 그런데, 삼국 통일은 여기서 끝이 아니야."

"응? 또 다른 나라가 있었어?"

"아니, 삼국을 통일한 신라와 당나라의 싸움이 남았어."

"같이 통일해 놓고?"

"응, 원래 나라 간의 약속이라는 것이 그렇게 잘 깨지는 거지. 서로의 이익만을 보는 것이니까. 당나라는 원래의 약속과는 다르게 신라에 말도 안 되는 요구를 하기 시작했어. 그 첫째로 신라를 계림도독으로 임명했지. 신하로 여긴 거야. 이것은 명백히 당나라가 신라를 지배하겠다는 말이었어. 원래 평양성을 기점으로 아래쪽은 신라가 다스리기로 하였으나 당나라는 신라를 신하로 여긴다는 말을 한 거야. 한반도 전체를 본인들의 땅이라고 이야기하는 거지. 당나라는 안동도호부라는 것을 설치하고 일일이 간섭하며, 자기네들 아래에 신라를 두려고 한 거야."

"뭐? 아니 고구려가 멸망해서 땅 **뺏기는** 것도 억울한데? 장난하는 거야? 왜 약속을 안 지켜?"

"원래 당나라는 이 한반도를 모두 가지고 싶어 했고 그런 검은 속내를 숨기고 신라와 연합했던 거야. 그리고 전면적 침공을 시작했어. 하지만 신라는 만만치 않았어. 신라 무열왕의 뒤를 이은 문무왕은 백제와 고구려의 백성들을 해치거나 괄시하지 않았고 포로로 삼지도 않았어. 원래 전쟁에 지면 그 나라 백성들은 노예로 삼는 게 보통이잖아? 그런데 신라의 백성과 동등하게 대해주었지. 그러자 고구려와 백제의 백성들도 신라에 합세하게 되었고 다 함께 힘을 합쳐 당나라군과 싸웠어. 먼저 당나라가 매소성으로 20만 대군을 끌고 들어오자 김유신의 아들 원술은 고작 3

만 군대를 이끌고 그들이 들어가고 있는 군대는 나 두고 식량을 보급하는 군대를 몰살시켜서 밥을 못 먹게 만들어 버렸지. 그리고 바다에서 들어온 당나라 군대를 기벌포에서 통쾌하게 물리쳤지. 하지만 신라는 원래 약속되었던 한반도의 남쪽 지역만 다스리게 되었어."

"신라도 굉장히 강했구나."

"그렇지. 삼국을 통일한 저력 있는 국가였어."

"자~ 이야기를 다 들어보니 어때?"

"아빠 말을 들어보니까 고구려가 통일했으면 땅도 넓고 좋았긴 하겠다. 하지만 통일을 하고 당나라를 몰아낸 신라도 대단한 것 같아."

"그래, 신라의 통일에서 아쉬운 점은 다른 나라를 끌어들여 통일하면서 한반도에 다른 나라가 들어오게 했다는 점이지만 한편으로는 그동안의 분단되어 있던 나라들을 모두 모아서 하나의 국가로 건설하게 되었다는 점은 높이 살만하지. 신라가 잘했는지 잘 못 했는지는 서안이가 생각하고 판단해보도록 해."

"응. 그건 천천히 생각해 볼게. 근데 아빠, 예전에 중국에 삼국지 이야기보다 우리나라 삼국지가 더 재미있는 것 같아. 막 엄청 빠르게 흘러가고 슬펐다가 기뻤다가."

"그렇지? 참 대단한 이야기지."

"우리나라는 그런 역사를 겪고도 또 분단되어 있단다. 하루빨리 통일되어야 할 텐데."

"서안이가 해볼게.~!"

"정말?"

"응! 나도 신라의 용감한 김춘추처럼 내가 할 수도 있을 것 같아~!"

"그래 부탁한다. 우리 딸."

아직은 분단된 나라지만 이런 이야기를 듣고 자란 우리 아이들이 언젠가는 통일을 이루어 줄 것이라 믿어 의심치 않으며, 묘한 기대감에 사로잡혔다.

딸은 그런 말을 하며, 창밖의 풍경을 쳐다보면서 깊은 생각에 빠져 있는 듯했고, 집에 도착하는 동안 아무 말이 없었다.

와~ 말 타는 사진이네

"아빠, 이거 뭐야?"

딸이 가지고 나온 것은 먼지가 뿌옇게 앉은 사진첩이었다.

"아빠, 사진첩인데?"

"오~ 아빠다."

"그러네, 이때는 아빠 정말 젊었을 때구나."

"와~ 아빠 말도 탈 줄 알아?"

딸아이가 가리킨 사진은 대학생 시절 몽골로 여행을 가서 말을 타고 있던 내 모습이었다.

"아니, 말을 탈 줄 아는 것은 아니고, 아빠 예전에 몽골에 놀러 갔을 때 말을 타고 사진을 찍은 것뿐이야. 실제로는 잘 타지 못해. 이야~ 이때 잃어버린 역사를 찾아내겠다는 부푼 마음을 가지고 친구들과 함께 중국을 거쳐서 몽골까지 가는 대모험을 했었지. 참 재미있었는데, 그 친구들 다 뭐하나 몰라.”

한창 추억에 잠길 때쯤 딸이 말을 걸었다.

“무슨 역사?”

“응~ 이때 동북공정이라는 말을 듣고 분개해서 친구들과 3달 동안 아르바이트해서 여행을 떠났지. 중국에서 시작해서 몽골까지 다녀왔지. 사실 몽골은 아빠가 가보고 싶은 나라라서 가보게 된 거고. 우리가 찾아갔던 역사는 바로 발해야.”

“발해, 대조영?”

“그렇지~. 발해 대조영.”

“동북공정은 뭐야?”

“동북쪽 아시아의 역사를 바로 세운다.’라는 말로 중국의 역사침탈을 이야기하는 거야. 바로 고구려와 발해의 역사를 중국의 역사로 본다는 내용이지.”

“뭐? 그런 일이 있어?”

“그래, 발해가 왜 중국 역사라고 우기는지, 발해의 건국부터 이야기를 들어보면 알 수 있을 건데, 어때? 들어볼래?”

“말해 뭐해~ 빨리 이야기 해줘요~”

“자, 그럼 시작한다. 그 강성하던 고구려가 무너지고 신라의 북쪽에는 당나라가 지배하고 있던 때야. 당나라는 북방에 다른 민족들을 깔보고 지배하고 있었지. 그야말로 한족 천하라는 중국인들의 생각이 그대로 담긴 때였단다. 그때 거란족이라는 민족이 이에 반기를 들어 '우리는 한족 밑에서 살 수가 없다~!' 라고 하면서 그리고 거란족은 군사를 모아 당나라를 공격하지. 그때! 발해의 고조이신 대조영 장군도 같이 당나라를 공격한단다. 그러나 거란족은 당나라에 무너지고 쫓기는 신세가 되지. 이때 전쟁에 같이 참여했던 말갈족이라는 다른 민족과 함께 도망치던 대조영은 마침내 옛 고구려의 백성과 말갈족을 모두 통솔하여 발해를 세우게된단다. 이때 대조영 시조께서 나라를 세운 곳은 동모산이라는 언덕이란다."

"그런데 원래 나라는 평평한 농사 잘되는 평지에 세워야 하는 거 아닌가?"

"맞아. 아마도 대조영은 당나라에 쫓기고 있었고 당나라의 공격에 대비하여 산에서 국가를 세웠다고 볼 수 있지. 이때 규모는 천명 정도밖에는 되지 않아. 그런데 나라를 세웠다는 소문이 들려오자 말갈족과 고구려 유민이 모여들기 시작하면서 점점 숫자가 늘어나기 시작했지."

"아~ 그렇구나! 아직 힘이 많이 약했구나."

"그렇지. 대조영은 처음 국가를 세우자마자 이리저리 뛰어다녔어. 주변 나라와 외교술을 펼치지. 먼저 당나라와 싸우고 있던 동돌궐이란 곳으로 사신을 보내서 친하게 지내자고 인사하고, 또 신라에도 사신을 보내서 친하게 지내자고 했지. 당나라는 동돌궐과 신라 때문에 함부로 발해를 침공하지 못했어. 그러면서 발해는 점차 발전을 거듭할 수 있었지."

"고왕 대조영이 죽고 2대 무왕, 3대 문왕이 왕이 되면서 발해는 더욱더 발전하기 시작했어. 대조영이 세운 동묘산에서 도읍을 평지로 옮기고,

독자적인 연호를 사용하였지. 전에 아빠가 연호를 사용하는 것은 뭐라고 했어?"

"우리나라는 중국과 어깨를 나란히 한다."

"맞아. 스스로 왕이라고 하고 국가의 기틀을 세웠어, 그리고는 주변의 나라를 정복하기 시작하였단다. 이때의 우리 아시아 전체에는 몇 개의 세력이 있었어. 당나라, 흑수말갈, 신라는 한편이 되고 발해는 돌궐 거란 일본과 연합하면서 이쪽 아시아는 약 두 개의 거대세력이 그 균형을 맞추고 있었던 거야."

"갑자기 신라는 왜 당나라 편이 된 거야?"

"신라 처지에서는 갑자기 세력이 넓어지면서 이리저리 땅을 넓히고 있는데, 그러다가 자기 네 쪽으로 넘어오면 큰일이라 생각했겠지. 그러면서 당나라와 친하게 지내면서 발해를 견제하려고 했던 거야."

"신라는 좀… 늘 그런 식이야…"

"음…, 지금은 우리가 한민족이라고 말을 하지만 사실 예전에는 다른 부족, 다른 국가로 생각했기 때문에 신라가 나쁘다고는 볼 수 없지. 신라 측면에서 보면 위에서 점점 내려오는 발해를 홀로 막기에는 너무도 힘이 들었을 테니까."

"그렇게 생각하면 그럴 수도 있겠네."

"그렇지? 어쨌든 그렇게 강성하던 발해는 3대 문왕이 죽고 난 후부터 발해 내부에서부터 무너지기 시작했어."

"고구려하고 똑같네."

"그렇지. 강성했던 발해는 본인들의 동맹이었던 거란족이 갑자기 쳐들어오면서 228년 동안 이어온 나라가 단 1년 만에 거란에 멸망하고 만단다."

"1년? 게다가 한편이었던 거란족?"

"그래, 나라 내부에서 분열이 생기니 외부의 동맹이 어떤 생각을 하고 있었는지조차 파악하지 못했어. 안에서 싸우느라 밖에서 무슨 일이 일어나는지 살피지 않은 거지. 그토록 힘들게 세워진 나라는 허무하게 역사 속으로 사라지고 말아."

"근데 아빠, 발해 이야기 들어보니까 우리나라 대조영이 세운 나라인데, 왜 중국이 자기네 역사라고 이야기하는 거야?"

"복잡한 것 다 없애고 정확하게 말하자면 발해는 우리나라 역사가 확실해, 중국은 발해를 본인의 역사로 만들어서 혹시나 모를 우리나라의 통일을 견제하는 거야. 통일되면 우리나라가 강성해질 테니 북한 쪽의 역사를 본인들의 역사로 만들고 북한 주민을 중국화 시키려는 전략이지."

"그런~어이없는 일이 있어."

얼마 전 통일을 이루어 보겠다는 열정이 불타오르고 있는 딸에게 이 이야기가 기름을 부었나 보다. 딸아이는 얼굴이 벌게지면서 주먹을 불끈 쥐었다.

"흥분하지 말고 들어봐. 원래 칼보다 펜이 강한 법이고 강함은 부드러움을 이길 수 없는 거야. 화가 나는 상황에서 더욱 침착해지고 정당한 논리로 이겨야지. 발해는 앞서 이야기했듯이 말갈족과 고구려 유민이 세운 나라라고 이야기했지?"

"응."

"말갈족은 예전 숙신이라는 부족이란다. 이 숙신이라는 나라는 고구려 미천왕 이전에 안국군이라는 장군이 이 땅을 점령하고 그 유민들을 보살폈고, 미천왕은 숙신의 부족장 아불화도를 본인의 충신으로 삼으면서 이미 고구려와 말갈족은 같은 민족이나 마찬가지였단다. 비록 고국원왕 이후 숙신과는 결별을 하였으나 밀접한 관계에 있는 두 나라 백성의 뿌리가 쉽게 무너질 리는 없어. 그렇다면 이해가 가지? 왜 고구려 유민과 말갈족이 같이 나라를 세웠는지?"

"그러네. 원래 친한 민족으로 볼 수 있구나."

"그렇지~! 그리고, 발해의 생활들을 보면 거의 고구려와 흡사하단다. 생활양식, 결혼풍습, 유물 등을 살펴보았을 때 모든 것이 고구려와 아주 유사하지. 또한 6대 감왕이 오르면서는 고구려의 왕 계승 의식이 집중적으로 나타나지. '교화를 따르는 부지런한 마음을 고 씨에게서 발자취를 찾을 수 있다.'라고 발해의 역사서에 쓰여 있는데, 여기에서 고 씨는 누굴까?"

"고주몽!"

"그래, 고구려의 고 씨인 거야~! 중국은 이 내용을 고양씨라고 주장하는데, 어때? 고 씨가 맞는 거 같아? 고양씨가 맞는 거 같아?"

"당연히 '고'라고 표현했으면 고 씨지 뭐 다른 게 있어? 당연히 우리 역사네."

"그래, 맞아. 중국은 고구려까지 자기네 역사라고 우기지만 그건 입 뗄 필요도 없는 우스갯소리고 발해 역시 당연히 우리나라 역사야. 그러나 생각해 볼 게 있어."

"뭔데?"

"역사에 관한 연구지. 중국은 발해의 역사를 1800년대부터 연구하기 시작했고, 우리나라는 1960년대 와서야 연구를 하기 시작했어. 우리나라가 우리의 역사를 신경 안 쓰고 내팽개치는 중에 다른 나라들은 이미 연구를 시작했단다. 물론 접하는 지역에 있는 러시아까지 발해는 본인들의 역사라고 우기지. 그러나 분명한 것은 아빠가 이야기해준 이런 증거 말고도 발해가 우리 역사라는 증거는 수도 없이 많단다. 여기에 대해서는 서안이가 더 알아보도록 해."

"어쨌든 우리 역사 맞네, 아빠 그런 생각이 들어, 옛날에는 중국이나 다른 민족들이 발해의 땅을 가지려고 막 쳐들어오고 했을 거잖아. 지금도 비슷하다는 생각이 들어 중국이나 러시아, 일본까지도 가야나 발해가 자기네 역사라고 우기는 거 아냐? 지금도 똑같이 전쟁을 하는 기분이야."

"그래, 제대로 짚어냈어. 총칼 없이 싸우는 전쟁이지. 각 나라는 자기 나라의 이익을 위해 끊임없이 다른 나라를 노린단다. 그게 옛날처럼 군대를 가지고 전쟁을 할 수는 없어도 또 다른 방식으로의 전쟁을 차근차근 준비하는 거지. 일본의 끊임없는 독도 영유권 주장도 마찬가지고."

여기까지 이야기하고 나니 나 역시도 이러한 전쟁 속에 살고 있다는 것이 느껴졌다. 그리고 이런 전쟁을 잘 이겨내기 위해서 내가 할 수 있는 일도 확실히 알 수 있었다.

부드러운 여자

요즘 하루가 다르게 부쩍 커 보이는 딸아이를 볼 때면 이런저런 생각을 많이 하게 된다. 어떻게 하면 잘 키울 수 있을지. 어떻게 하면 행복하게 해줄 수 있을지. 그리고 내가 늙어서 짐이 되지 말아야 하는데 등의 걱정이다. 내가 부모가 되어 부모님의 마음을 이제야 느끼는 듯하다.

"딸, 집에서 심심한데 아빠랑 밖에 나가서 산책이라도 할까?"

뭔가를 집중해서 하던 딸은 아빠 혼자 가라며 손짓했다.

"그러지 말고 아빠랑 나가자. 너 더 크면 아빠랑 놀 시간도 없어."

갑자기 무슨 생각이 들었는지 심각한 얼굴로 나를 쳐다보며 물었다.

"아빠는 언제 죽어?"

아이의 엉뚱한 질문이었지만 죽음이란 것을 배우는 나이로서는 또 당연한 게 아닌가 하는 생각이 들었다.

"왜 갑자기 물어?"

"여기 동화책에 아빠가 죽어서 혼자 남겨졌다고 하는 이야기가 있길래"

"아직 먼 이야기니까 생각할 필요 없어. 근데, 아빠가 죽으면 우리 딸이 용감하게 아빠 뒤를 이어 아빠의 생각과 아빠가 했던 일들을 계속하면 되지. 그러면 아빠는 서안이 마음속에 영원히 살아 있는 거잖아."

"왠지 슬프다. 아빠가 이야기 해줬던 역사를 생각해보면 고구려도 백제도 발해도 모두 망했잖아."

"꼭 그렇지만은 않아. 망했던 나라들의 유민들은 그 나라를 잊지 못한단다. 그리고 고구려든 백제든 그 나라의 기상과 역사와 정신을 가지고 또 다시 나라를 건국하지."

"진짜?"

"자자~ 아빠랑 산책 가자. 가면서 후고구려와 후백제에 관한 이야기를 들려줄게."

딸은 방으로 들어가 마스크를 챙겨 들고 쪼르르 달려 나왔다. 나는 딸아이와 집밖을 나서면서 차근히 이야기를 풀어갔다.

"먼저 후백제에 대해서 이야기 해 줄까? 왜냐하면 백제가 먼저 멸망했으니까. 자~ 후백제는 견훤이라는 사람이 세웠어. 견훤은 백제가 배출한 마지막 진정한 왕이라고 할 수 있어. 사람들은 견훤이 후에 나올 고려의 태조 왕건보다 떨어지는 인물로 알고 있는데, 실상은 절대 그렇지 않단다. 견훤이라는 사람은 그야말로 영웅이라는 말에 가장 어울리는 사람이었어."

"견훤은 누구고 왕건은 누구야? 하나도 모르겠어."

"천천히 알아가면 돼. 다 잊어버리고 견훤이 대단한 사람이었다는 것을 기억하다. 견훤이 태어날 때 특별한 이야기기가 있는데 한번 들어볼래?"

"응~!"

"어느 날 견훤의 어머니가 아버지께 이야기 했지. '아버님 밤마다 저의 방으로 왠 남자가 자꾸 찾아옵니다.' 아버지는 그 남자의 옷자락에 바늘에 실을 꿰어 꽂아놓으라고 했어."

"어~! 불씨 꺼뜨린 며느리에서 나오는 내용이다."

"그래, 비슷하지? 견훤의 엄마는 그 실을 따라 갔더니 커다란 지렁이가 있었는데, 그리고 얼마 안되어 임신을 하게 되었는데 그때 태어난 아이가 견훤이야. 또 견훤의 어릴 적 이야기는 더 신기해. 아기 견훤을 엄마가 수풀에 잠시 뉘어 놓았는데, 그때~! 호랑이가 나타난거야. 견훤의 엄마는 이제 아들을 잡아 먹겠구나 하고 벌벌 떨었지. 그러나 호랑이는 가만히 아이를 자기 품으로 데리고 와서 젖을 먹였데. 어때? 호랑이가 젖을 먹여 키웠다는 말이 있을 만큼 그 기개가 강대하고 골격이 크고 힘이 강했다는 거야."

"우와~"

"그리고는 견훤은 자라서 장군이 되지. 견훤은 자기를 따른 무리를 몰래 모았어, 견훤이 지나는 곳마다 백성들은 견훤이 백제의 기상이라며 모여들었고 마침내 5천 명의 군사가 모이고 백성들이 따르게 되지. 견훤은 지금의 전주에서 스스로 왕이 된단다. 백제가 다시 태어나는 순간이었지."

"그럼 망했던 백제가 다시 살아난거야? 근데 아빠 견훤이 세운 나라는 처음에 좀 약했나 보네?"

"우와~ 그렇지. 아무래도 초기 기반이 좀 흔들릴 수 밖에는 없으니까. 신화를. 그러나 저러나 너 진짜 대단하다~!"

나는 내심 놀라며 아이를 쳐다봤다.

"그렇지?"

아이는 뽐내듯이 나에게 웃어 보였고 나는 말을 다시 이어갔다.

"어쨌든 의자왕이 죽고 나서도 백제의 기상을 그대로 이어받은 백제의 유민과 그들을 이끄는 백제의 용장 견훤이 백제를 다시 세우게 된 거야."

"그래도 뭔가 가슴이 뜨거워. 아참, 그럼 고구려는?"

"안 그래도 고구려 이야기를 들려줄려고, 고구려가 망하고 그 정신을 이어받은 나라는 단연 발해였지. 그러나 발해가 있던 시절 발해의 아래쪽 통일신라는 쇠퇴하기 시작했고, '옛 신라가 당나라에 병사를 부탁해 망해버린 역사를 대신해 신라에 복수하고 말리라' 하는 나라가 세워졌어. 이것을 이야기 하는 사람이 바로 궁예란다."

"오~ 신라에 복수~!"

"궁예는 사실 신라의 왕가 집안의 자녀로 알려져 있어. 궁예가 태어나자 한 예언가가 '이 아이는 장차 나라에 크게 해가 될 것'이라고 예언해. 이 예언에 따라서 아이를 버리기로 했고 궁예의 엄마는 궁예를 탈출시키기 위해서 창밖으로 아이를 던진단다. 그 아이를 받던 시녀가 실수하여 아이의 눈을 찔러 궁예는 한쪽눈 밖에 보이지 않는 애꾸가 되었지. 궁예는 신라에서 숨어다니면서 살다가 어느 절로 들어가게 되고 거기서 스님이 되어 생활한단다. 그러나 궁예 또한 대단한 영웅이라 스님으로 생을 마감할 사람은 아니었어. 당시 신라는 귀족들의 사치로 인하여 나라가 기울고 여기저기 도적대가 들끓고 있었어. 이때 궁예는 절에서 나와 도적의 우두머리가 되지. 하지만 궁예는 단순한 도적이 아니었단다. 도적들을 모으고 군사화시켜 3천5백명의 군사를 키워내지. 그리고 북방의 호족세력이었던 왕건을 만남으로서 마침내 후고구려를 세운단다. 이름은 태봉이라고 하였지."

"어~ 후고구려는 고구려사람이 세운 나라는 아니네?"

"그렇지."

"근데 왜 고구려의 정신을 이어받았다고 해?"

"비록 궁예가 고구려사람이 아니었지만, 고구려지역의 백성들과 옛 고구려의 귀족 왕건과 함께 세운 나라였고 그 정신이 그대로 궁예에게 스며든 것이지."

"와~ 그런데 아빠, 그럼 나라가 또 다시 삼국으로 갈라진거야?"

"이제 척하면 척인데?"

"나 똑똑하지?"

"그래, 똑똑하네. 자 이제 나라는 다시 삼국으로 갈라졌어. 영웅 견훤, 신라의 복수심이 있던 궁예, 그리고 쇠퇴하여 무너져 가는 신라 이제 삼국의 또 다른 각축전이 벌어진단다."

"두둥~두둥."

딸아이는 입으로 북소리를 내면서 한껏 기대감에 부풀었다.

"누가 이겼을까?"

"글쎄? 백제의 견훤이 영웅이였다면서? 그럼 백제가 이기지 않았을까?"

"과연 그럴까? 순서를 한번 보자 먼저 견훤이 열심히 군사들을 모아 먼저 후백제를 세운 것이 900년이야. 그리고 궁예 역시 태봉이라는 나라를 904년 세우게 되지. 이 때부터 후백제의 견훤은 삼국의 주도권을 잡기 시작한단다. 단번의 삼국의 중심이 된 견훤은 그야말로 파죽지세로 강대한 국가를 만들어 갔지. 그즈음 태봉에서는 궁예가 신하를 괴롭히고 백성을 마구 죽이는 등 너무도 심한 정치를 했다고 알려져있어. 이런 것을 폭정이라고 하는데, 사실 폭정을 일삼았는지 아닌지는 아빠 생각에는 확실치 않지만 918년 쯤 궁예 밑의 신하였던 왕건은 궁예를 쫓아내고, 본인이 태봉의 왕이 된단다. 그리고 고구려의 전통성을 잇는 나라라고 하여 이름을 고려로 짓고 나라를 세우지. 드디어 고려의 탄생이 이루어지는 순간이란다."

"근데 아빠 왜 궁예가 폭정을 했는지 안 했는지 모른다는거야?"

"역사는 승자의 기록이기 때문이지. 왕건이 작성한 기록이니까 이것이 맞다 틀리다고 확실히 알 수는 없는 거야. 왕건이 고려를 세운 후에 궁예를 따르던 사람들이 반란을 수 차례 일으킨 것으로만 봐도 궁예가 폭정을 했는지는 알 수가 없지. 심하게 폭정을 했다면 왕건으로 바뀌었을 때 좋아해야지. 그런데 왕건을 몰아내자고 반란을 일으키는 것을 보면 아닐 수도 있겠지. 그리고 왕건이 궁예를 몰아낼 때 궁예는 제 발로 궁궐을 나가게 되는 장면도 좀 의아하지. 그토록 난폭한 자가 왕건 이하의 군사들이 좀 몰려왔다고 그냥 제 발로 궁궐을 나가는 것이 좀 이상하지 않아?"

"그러네, 좀 이상하네."

"그래, 뭐 어쨌든 이제 백제의 견훤과 고려의 왕건은 나라의 국운을 걸고 여러 전투를 치르게 되지. 세기의 라이벌이 탄생하는 순간이야. 시작은 백제에서 한단다. 견훤은 우선 고려를 두고 먼저 신라를 쳐 본인의 영토를 확장하고자 하였어. 백제는 920년, 924년, 927년에 걸쳐 신라를 공격했고 또한 신라의 심장부인 경주로 쳐들어 간단다. 그 때 신라는 뭐했냐고? 왕이 포석정에서 놀고 있었어. 신하들 하고 신나게 놀고 있다가 견훤이 자기 땅에 들어와서 자기의 목에 칼을 겨눌 때까지 몰랐어. 신라가 얼마나 무너져 있었는지 알겠지?"

"망할 만했구만."

"그래, 맞아. 너무 엉망이라 아마 견훤한테는 누워서 떡 먹기였을 꺼야. 견훤은 신라의 왕을 사로잡고, 신라왕의 동생 김부를 세워 왕을 하게 하고 신라를 복속시키는데 이 김부라는 사람이 신라의 마지막 왕 경순왕이란다."

"백제가 거의 신라를 무너뜨렸네?"

"사실 그때 신라는 건들기만 해도 폭삭 내려앉을 때라서 그야말로 모래성이라는 말에 가까웠어. 근데 재밌는 것은 왕건이야. 태조왕건은 이 전투를 지켜보고 있다가 백제가 전투를 치르고 난 뒤 힘들 때를 노려서 신라에서 돌아오는 백제군을 공격하지. 어떻게 되었을까?"

"당연히 지쳤으니까 백제가 졌겠네. 왕건도 되게 똑똑하다."

"상식적으로는 그렇지. 그러나 아빠가 뭐라고 했어. 견훤은 사실 신라와 전투를 거의 치르지 않았어. 힘이 남아돌았지. 견훤의 군대는 지금의 대구 인근에서 고려의 군대를 대파 하고 왕건의 심복이었던 김락이라는 장군과 신숭겸이라는 명장을 모두 죽여. 왕건은 이들의 죽음을 발판 삼아 겨우 목숨만 부지한 채 고려로 돌아오게 되지. 그때부터 왕건과 견훤은 평생의 숙적이었단다. 둘은 서로에게 보내는 편지로 공격하기도 했는데, 견훤은 아주 강력한 어조로 왕건을 하대하면서 편지를 쓴 반면에 왕건은 부드러운 어조로 절대 우리는 무너지지 않는다고 방어하지. 이런 것을 보면 견훤의 성격이 얼마나 강했는지 알 수 있어. 그러나."

"그러나?"

"그렇지, 그러나 그런 성격이 문제였지. 너무 강하다 보니 고집이 세고 말을 안 듣는 사람들은 무조건 죽이거나 벌을 줬어. 그러다 보니 견훤의 주위에는 충성을 맹세하는 부하가 없었어. 그러던 때 견훤은 본인의 아들 중 넷째 아들을 본인의 다음 왕으로 지목했단다. 보통은 큰아들을 왕의 다음 왕으로 지목을 하기 마련인데 말이야."

"첫째 아들이 속상했겠다."

"그래, 결국 다른 아들들은 화가 나서 견훤을 절에다가 가두어 버렸지. 견훤은 본인의 인생을 한탄하면서 절에 3개월이나 갇혀서 있다가 왕건에게 도망을 친단다. 그리고 평생의 숙적이었던 왕건에게 자기를 도와주고 거두어 달라고 하지. 왕건은 부드럽게 그를 받아들였고, 견훤의 도움으로 백제를 복속시키게 돼. 결국, 백제는 견훤에 의해서 생겨났고 또 견훤에 의해서 망하게 되지."

"자기 손으로 무너뜨렸네? 아빠, 그럼 신라는?"

"신라는 그 전에 무너졌어, 견훤과 달리 왕건은 신라를 보살피는 쪽으로 외교를 했는데, 견훤에 의해 왕에 오른 경순왕은 견훤이 아주 무서웠겠지. 그래서 왕건에게 지속적으로 자기를 보호해 달라고 했단다. 그러던 중 마침내 경순왕은 왕건에게 나라를 바치고 항복하고 말지. 아빠가 말했듯이 신라는 이미 썩을데로 썩어서 살짝 만 건드려도 무너지기 일보직전이었던거야. 경순왕 역시 유약한 인물로 견훤에게 항복하면 죽을 것 같으니까 차라리 부드러운 왕건에게 항복해서 목숨을 건지고자 했던 거지."

"나라도 그랬을 것 같아. 견훤은 좀 무서워."

"아빠가 예전에 이야기했지? 부드러움은 강함을 능히 이겨낼 수 있다. 결국, 왕건의 부드러움이 견훤의 강함을 물리친거야."

"아~ 그렇구나."

"너희들도 마찮가지야. 항상 다른 사람에게 부드럽게 대하고 힘이 강하다고 남을 괴롭히지 않고 상대편의 마음을 얻으면 결국 이기는 게임이 되는 거야."

"내가 벌컥벌컥 소리 지르는 게 잘못된 거구나…."

딸아이는 자기가 그 동안의 친구들에게 했던 과거를 반성하고 생각하는 듯 했다. 유난히도 승부욕이 강한 딸은 친구들과의 관계에서 늘 강압적으로 하는 면모를 많이 보였기 때문에 이 이야기로 하여금 좀 고쳐지길 내심 바랬다.

"아빠, 나 이제 부드러운 여자가 될래."

"뭐? 부드러운 여자? 그것 참 좋네."

딸아이의 어이없는 말투에 웃음으로 한바탕 즐긴 우리는 어둑해 질 때가 다되어서야 집으로 돌아왔다.

아빠 엄마는 어떻게 결혼했어?

결혼기념일을 맞이하여 이것저것 준비하여 집으로 향했다. 어쨌든 이 날을 잘 넘겨야 1년이 편할 것이고, 이 또한 세상 남편들의 비슷한 고충이 아닐까 한다. 하지만 한편으로는 이런 날을 기념해서 또 초심을 잡고 처음 결혼하던 설렘을 느낄 수 있기도 하였다.

"아빠, 왔다."

"우와~ 꽃이다. 우와 선물! 오늘 엄마, 아빠 결혼한 날이야?"

"그래~ 오늘이 엄마와 아빠가 결혼한 날이지."

"내 것은?"

딸이 시무룩한 표정으로 자기 물건은 없나 이리저리 뒤지고 있었다.

"우리 딸은 다음에 해줄게."

실망한 딸을 달래며 이런저런 행사를 끝내고 식탁 앞에 앉았다.

"근데 아빠 엄마는 어떻게 결혼했어?"

"아빠가 엄마를 많이 사랑해서."

"나는 우리 반에 좋아하는 남자애가 4명 있는데, 4명이랑 결혼 할 거야."

"우리나라는 일부일처제야 한 사람하고만 결혼할 수 있어. 네가 태조 왕건은 아니잖아?"

"태조 왕건이 왜?"

"음, 결혼을 29번 하셨지."

"진짜?"

"그래~"

"그렇게 결혼을 할 수가 있어?"

"옛날에는 일부다처제라는 제도가 있었어. 1명의 남편과 여러 명의 부인이 있을 수 있었지. 아무래도 농촌 사회이고 남자가 부족하다 보니 그랬지. 그렇다고 해도 태조 왕건은 부인이 아주 많은 편이었지?"

"그럼 안되는 거 같은데?"

"아빠 이야기 한번 들어봐. 그럼 왜 그런지 알 거야. 저번에 산책하면서 말했듯이 태조 왕건은 고려를 건국하였단다. 삼국을 통일하고 나서 이제 본격적으로 나라를 다스리기 시작했지. 그런데 말이야 문제가 있었어."

"무슨 문제?"

"태조 왕건이 나라를 세울 때 도움을 많이 줬던 '호족'이라는 귀족들이 존재한 거야. 이 호족들은 자신의 땅을 소유하고 자신의 군사를 가지고 있었으므로 왕건도 함부로 이들에게 뭐라고 하지 못했지. 이런 호족들은 힘이 매우 커지면 아직 자리 잡지도 못하는 나라를 다시 한번 무너뜨린다든지, 또는 본인이 왕이 되겠다고 나서지 않겠어? 정작 태조 왕건 자신도 북쪽의 호족에 불과했는데, 왕이 되었잖아."

"그러겠다. 나 같아도 힘이 있으면 왕이 되어보고 싶을 것 같긴 해."

"그렇지, 왕건은 고민을 많이 했어. 이 많은 호족을 모아서 내가 다스릴 방법이 없을까?"

"음, 예전에 고구려에 소수림왕은 법을 만들고, 불교로 백성을 모아서 왕의 힘을 세게 만들었잖아."

"오~ 놀라운데 그걸 기억하고 있었구나! 물론 그런 방법도 있지. 왕건이 그런 방법을 안 쓴 건 아니야. 고려에 와서는 불교를 적극적으로 장려하고 법률을 확립하는데 많은 애를 썼지. 그러나 그것만으로는 약했어. 그래서 왕건이 선택한 방법은 바로 결혼이야. 각 지방의 호족들의 딸들과 결혼을 한 거지. 그럼 가족이 되겠지? 가족이 되면 어때? 그래도 할아버지가 사위를 공격하지는 않겠지? 게다가 딸이 왕과 같이 있는데 군사를 이끌고 들어왔다가 혹시 딸이 위험해 지면?"

"안 되지!"

"그래, 바로 그 방법을 이용하여 왕건은 29명의 부인을 차례차례 궁궐로 들여서 결혼한단다. 그리고 그 사이에서 25명의 아들과 9명의 딸을 얻게 되지."

"가족이 진짜 많다."

"그런데 이렇게 가족이 많으면 좋을까? 예전에 왕자와 공주들은 서로 사이가 좋지 않은 경우가 더 많았어. 자신도 왕이 되고 싶어 하는 욕심이 더 컸거든. 그렇다면 왕건의 자식들은 어떠했을까 하는데, 역시나 많은 싸움이 일어나게 되지."

"자식이 많은 것이 반드시 좋은 것은 아니네."

"그렇지. 그렇게 하고도 불안했던 왕건은 각 호족에게 사심관 제도라는 제도를 시행해. 호족이 관리하고 있던 지역을 책임지고 관리하게 한 거야."

"그럼 좋은 거 아니야?"

"그래? 그럼 이렇게 해보자. 자 오늘부터 우리 집의 발코니에서 나오는 쓰레기나 먼지가 있으면 모두 서안이 책임이야. 이유를 막론하고! 무조건 네가 관리해야 하고 만약에 먼지나 쓰레기가 발견되면 서안이는 일주일 동안 젤리 사탕 아이스크림은 없어. 이러면 어떨까?"

"그런 게 어디 있어~."

"온종일 발코니에 매달려야겠지? 그걸 노린 거지 지방에 집중하게 하고 책임을 줌으로써 왕의 지배하에 놓게 하는 거야. 또한, 왕건은 딸들과는 결혼하고 아들들은 수도로 불러서 왕의 호위를 맡겼어. 아버지들이 쳐들어갈 수 있을까? 못하겠지?"

"왕건 좀 못된 것 아니야?"

"왕권을 지키기 위해서는 어쩔 수 없는 선택이었을 꺼야. 하지만 이런 일만 한 건 아니야. 오랜 전쟁을 끝낸 백성들을 위해서 내야 하는 세금을 감면해주고 불교 축제를 열어서 백성들을 보살폈지. 그때 나온 왕건의 유명한 원칙 바로 '취민유도'란다."

"취!민!유!도!"

"응. 백성에게 세금을 취할 때는 정도가 있어야 한다. 마구잡이로 세금 걷지 말란 소리지. 백성들이 가장 힘들어하는 것이 세금이니까 백성들의 마음을 다스려 준거지. 그리고 왕건의 가장 유명한 말은 바로 훈요 십조야."

"오늘 어려운 말 많이 나오는데… 훈요 십조는 뭐야?"

"왕건이 돌아가시기 전에 훈요 십조를 유언으로 남기고 지키게 한 거지. 불교를 숭상하되 절을 많이 지어서 백성들을 착취하지 말고, 당나라의 풍속을 굳이 따르려 하지 말고 거란은 배격하며, 왕은 장자가 계승하고 왕이 되고 난 뒤에는 아첨꾼을 멀리하고 백성들을 잘 보살피라 하는 내용의 10가지 유언이야. 이것은 일종의 다음 왕들에게 내리는 지침서라고 볼 수 있지. 이것만 봐도 어때? 왕건은 왕의 권한을 확립시키고 백성들을 잘 보살피기 위해 아주 많이 애쓴 왕이였다는 사실을 알 수 있겠지?"

"응, 그런 것 같아. 역시 나라를 세운 사람은 대단한 거 같아."

"그래, 고려는 고구려를 계승한 나라인 만큼 그 기상과 문화가 아주 뛰어났던 국가지. 아빠가 이제부터 천천히 고려 이야기를 해줄 텐데, 다음에 나오는 이야기 들은 더 멋진 이야기가 될 테니 기대해도 좋아."

"궁금한데~ 얼른 듣고 싶어."

"너무 많이 이야기하면 질리니까 중간중간 이야기해줄게."

COREA

금요일 저녁 오랜만에 축구 대표팀 경기가 있었다. 아내와 딸과 함께 TV 앞에 앉아 통닭 한 마리 시켜 놓고 맥주를 마시면서 열심히 응원할 생각에 회사에 있는 내내 기분이 들떠 있었다. 집으로 돌아와 딸과 함께 TV를 보며 즐거운 시간은 보내고 있었다.

"대~한민국!"

"짝짝짝짝짝!"

2002년 이래로 이 응원은 20년이 지난 지금도 계속되는 것 같아 문득 재미있게 느껴졌다. 한참을 응원하던 중 딸이 문득 나에게 물었다.

"아빠? 왜 우리나라가 Korea라고 쓰는 거야?"

TV 속에 응원 문구를 발견한 딸이 코리아라고는 읽지 못하고 알파벳을 나열하면서 나에게 물어왔다.

"우리나라를 영어로 지칭하는 말이 코리아라고 해."

"그러니까, 우리는 대한민국인데 왜 코리아라고 하는 거야?"

"그럼 뭐라고 불러야 해?"

"음……. 대~한~민~쿡~?"

나는 문득 우리나라가 왜 코리아라고 불리게 되었는지 설명을 해줘야겠다고 생각 들었다.

"음~ 그럼 왜 우리나라가 코리아로 불리게 되었는지 설명해 줄게. 일단 우리나라의 철자 중에 K는 원래 K가 아니라 C로 표기되고 있었어. 그래서 Corea로 불렸지. 근데 일제 침략 시대에 일본이 자기네 나라가 J로 시작되는데 식민지가 C로 시작되는 것은 순서가 잘못되었다고 해서 K로 바꿔 버렸고 국제사회에서는 이미 K로 등재되게 된 거란 주장이 있어. 하지만 아빠 생각에는 국제사회가 변화함에 따라 미국이 먼저 K를 썼고, 미국이 쓰자 다른 나라들도 따라 쓰게 된 게 아닌가 하는 생각을 한단다."

"A, B, C, D맞네. 아무튼 일본… 쯧쯧."

딸은 손으로 세어보더니 짜증을 내며 이야기했다. 이에 나는 겸연쩍게 미소를 보이며 계속해서 말을 이어갔다.

"우리나라의 코리아라는 이름은 고려에서 왔어. 고려를 아라비아식으로 발음하면 코리아가 되지."

"아라비아?"

"그래, 아라비아. 고려 시대에는 전 세계적으로 물건을 사고파는 일이 많아지게 되지. 특히 항해술이 좋아짐으로써 중국과도 교류도 활발히 전

개되고 또 육지로 향하는 길도 서서히 만들어지게 돼. 그때 아라비아에 서는 중동의 사막을 건너서 중국을 거쳐 고려까지 오는 길을 개척한 길 이 있었는데, 그 길이 그 유명한 실크로드라는 곳이야. 말 그대로 '비단 길' 상인들이 주로 비단을 거래했다는 데서 유래한 이름이지. 이 실크로 드를 통하여 고려로 많은 상인이 들어오게 되고, 고려는 이러한 무역을 활발히 하기 위하여 벽란도라는 곳을 만들어서 상인들을 도운단다. 그때 들어온 벽란도의 상인들이 고려를 코리아라고 발음 한데서 우리나라는 현재까지 코리아로 불리고 있는 거지."

"아~외국인들이 고려 시대에 우리나라로 와서 부른 이름이 코리아라 서 그렇구나."

"그래~ 근데, 이건 아빠 생각인데, 우리나라가 굳이 코리아라는 이름 을 놓지 않는 데는 또 다른 이유가 있다고 생각된단다. 너 말대로 되한민 쿡이라고 할 수도 있는데 말이야. 서안이 생각에는 어때?"

"근데 고려라는 이름이 좋아. 태조 왕건도 좋고 우리나라 역사라서 더 좋아."

"그렇지~ 이 고려라는 나라는 말이다. 아주 자주적인 나라였어. 고려 사람들은 천하의 중심이 고려라고 믿었지."

"천하의 중심은 맨날 중국 사람들이 이야기하잖아."

"그렇지. 하지만 고려는 고려 자신이 천하의 중심이라고 외쳤던 거야. 고려라는 나라는 작은 나라로 중국과 바로 접해 있었고 이민족들이 끊임 없이 괴롭히던 나라였지. 고려 다음 나라가 조선인데, 조선 때는 중국의 신하국으로 살았어. 그런데 고려는 아니야."

"고려는 어땠는데?"

"고려는 왕을 황제라고 불렀지. 과거의 중국은 본인들이 전 세계에 중심이라 본인들 외에는 어떤 나라도 황제라고 부를 수 없게 했거든. 근데 고려는 왕을 황제라고 불렀어, 왕 밑에 아들은 태자라고 불렀지. 황태자 말이야. 그리고 각 신하를 제왕이라고 불렀단다. 황제 밑에 제왕. 대단하지?"

"우와~ 뭔가 엄청나게 커 보인다."

"그렇지? 고려가 있을 당시에 중국은 송, 요, 금, 명이라는 나라로 계속 바뀌는데, 그러면서 고려에도 왕이 바뀔 때가 되면 고려의 왕에 바뀌면 중국에 가서 알려주기는 했어, 우리 왕 바꿨어. 알았죠? 외교 관계에서 다른 나라 왕이 바뀌면 알려주거든. 지금도 대통령이 바뀌면 다른 나라들과 인사하는 것처럼 말이야. 하지만 조선 때는 중국 황제가 이 왕은 왕으로 시킬 수 없어 하면 못 시키는 신하의 관계였어. 치욕의 관계였지. 그러나 고려 때는 단순히 알리는 정도였다는 거야. 게다가 고려는 각 관청을 6개 두었는데 이를 이, 호, 예, 병, 형, 공이라고 했어. 그 이름 뒤에 '부'를 붙였지 서안이가 나중에 많이 커서 역사를 학교에서 배우면 3성 6부 제도를 배울 텐데 지금은 그것까진 알 필요가 없고 '부'를 붙인 것이 중요해."

"왜?"

"부는 중국의 황제 나라만 쓰는 용어였거든. 조선 시대에는 조를 썼어. 이조, 형조, 예조처럼. 게다가 고려는 수도를 황성이라고 해서 황제가 사는 성이라고 이름 붙였지."

"그럼 고려는 황제의 나라였네."

"그렇지, 고려는 고구려의 후손임을 칭한 나라임을 알고 있지? 고구려의 기상과 자존심이 그대로 고려에 녹아들었다고 볼 수 있어. 실로 대단한 자존심이었지. 우리 고려는 여러 전쟁을 거치기도 했어. 그러나 고려 후기의 몽골과의 전쟁을 제외하고는 중국 본토와의 전쟁에서 져본 적이 없지. 비록 몽골과의 전쟁에서 지긴 하였으나 그 또한 다른 나라들처럼 완전히 무릎을 꿇은 것도 아니었어. 그 정도로 무력도 강한 나라였어."

"코리아라는 이름이 대단하다고 느껴져."

"그래 우리나라 이 대한민국 코리아는 정말 자랑스러운 나라란다. 그 자랑스러움을 마음속에 항상 간직해. 나중에 서안이가 다른 나라에 가서도 항상 대한국인임을 생각하고 그 자존심을 지키면서 세계인들에게 대한국인의 멋을 보여주는 거지. 그런 의미에서 한 번 더 외칠까? 코리아 파이팅!"

"코리아 파이팅!"

받아쓰기

회사를 다녀와 집으로 들어가서 잔뜩 풀 죽어 있는 딸을 발견할 수 있었다. 나는 아무렇지 않은 듯이 손을 씻고 딸아이 옆에 앉아서 물었다.

"서안이 무슨 일 있니?"

주방에서 아내는 재미있다는 듯이 웃고 있었다. 나는 아내를 돌아보며 물었다.

"무슨 일 있었어?"

아내는 대답 대신에 서안이에게 이야기했다.

"서안이가 직접 말씀드려. 아빠 화내지 않으실 거야."

나는 어리둥절하여 딸아이를 응시하고 있었고 딸아이는 벌떡 일어서더니 자기 방으로 가서 시험지 한 장을 들고 왔다. 거기에는 받아쓰기 성

적표가 있었고, 점수는 그리 좋지 못했다. 나는 웃음이 나려는 것을 꾹 참고는 딸아이에게 이야기했다.

"이것 때문에 풀이 죽어 있었던 거야?"

"응."

"서안아, 너 아빠가 너에게 공부하라고 한 적 있었어?"

"아니."

"그래, 엄마도 너에게 공부를 강요한 적 없어. 서안이가 스스로 공부하는 거지. 노력이 없는데 어떻게 결과가 좋아? 아무 노력이 없으면 결과 역시 실망스러운 법이야. 다음에 노력해서 좋은 결과를 얻으면 되는 거지."

"시험은 왜 치는지 모르겠어. 나 다 아는 건데 괜히 떨리고 그래서…. 긴장했어. 시험이 없어졌으면 좋겠어."

"음…, 시험은 아주 오래전부터 있었어, 예전에는 과거제도라고 해서 시험을 통과하기 위하여 많은 평민이 노력했지. 그 시험을 통과하면 벼슬을 얻을 수 있고, 그럼 잘 살 수 있을 테니까. 시험이 나쁜 것은 아니지."

"옛날에도 시험이 있었어?"

"그럼 과거제도는 고려 시대에 생긴 우리나라의 대표적인 시험제도이지. 그럼 이야기 나온 김에 과거제도와 과거제도를 만든 왕에 관해서 이야기해 볼까?"

언제 풀이 죽어 있었냐는 듯이 딸아이는 다시 신이 나 있었다.

"참 애들이란…."

나는 금세 신나 하는 딸을 보며 너털웃음을 지었다.

"음, 어디서부터 이 이야기를 시작할까? 그래, 광종부터 시작해 보자. 과거제도를 만든 왕은 바로 광종이야. 물론 그전에도 과거제도는 있었어. 예전에 육두품이라는 것을 설명해 줬던 거 기억나? 그때 신분제도와 노예에 관해서 설명할 때 알려줬었는데."

"응, 기억나. 신라에 계급이 만들어진 제도잖아."

"맞아, 잘 기억하고 있네, 그 육두품으로는 신하를 충당하기에는 문제가 있었어. 그래서 과거제를 만들었지만, 신하들이 가만히 있지 않았지. 그래서 크게 시행되지는 못했어."

"왜 신하들이 가만히 있지 않아?"

"음~ 자기네들이 대를 이어서 왕 옆에서 찰싹 붙어 있어야 하는데 갑자기 과거제도로 다른 사람들이 들어오면 자기 자리를 빼앗길 수도 있잖아."

"아~ 그렇네."

"한편 태조 왕건이 고려를 세운 후에 왕권을 강화하기 위해서 무진장 애를 썼지만, 그 이후에는 왕자와 왕자의 어머니 집안들이 서로 다투는 꼴이 되고야 말았어. 그러면서 왕의 힘이 그렇게 강하지 않았지."

"응, 그때 아빠가 아마 많이 싸울 거라고 했었어."

"맞아. 광종 때도 마찬가지야. 왕이 크게 힘이 없었지. 광종은 왕이 되고 난 뒤에 처음에는 가만히 있었어. 그때 당시에 고려는 왕보다는 호족이라고 불리는 귀족들이 힘이 더 강했지. 호족들은 노예를 많이 두고 있었고 이 노예들은 고려가 통일하면서 생겨난 난민들이 대부분이었어. 노예들은 평소에는 호족들의 농사를 짓거나 허드렛일을 하였지만, 혹시나 문제가 있으면 군사로 변신할 수 있어서 광종으로서는 호족이 언제든 쳐들어올 수 있는 위협을 느끼고 있었어. 게다가 호족들은 노비와 양인 여자를 결혼시켜서 자식이 나오면 자식을 또 노비로 삼으면서 점점 더 군사를 많이 만들었어. 이렇게 되다 보니 일반 백성들이 노비가 많이 되고, 그러니 왕국에 내는 세금도 줄어들게 되지. 그럼 왕궁은 점점 가난해진단다."

"나라가 가난해지면 어떻게 해?"

"그러게. 그러면 나라가 힘이 약해지고 왕도 힘이 약해지고 그냥 호족들의 세상이 되겠지. 광종은 두고 볼 수 없었어. 광종은 드디어 칼을 빼든단다. '지금부터 노비안검법을 시행하노라~!' 광종의 이 말이 떨어지기가 무섭게 호족들은 난리가 났지."

"노비안검법이 뭐야?"

"쉽게 말해서 진짜 노비가 맞는지 조사해 본다는 거지. 앞에서 아빠가 이야기했듯이 억지로 노비로 만들거나 원래 일반 백성인데 마구잡이로 잡아가서 노비로 부린 경우에는 해방하겠다고 한 거야. 그러니 난리가 나지. 사실 호족들이 가지고 있는 노예들이 대부분이 제대로 된 노예는 없어. 다 억지로 만들어버린 노예였던 거지. 광종은 이 법률에 따라 조사를 했고 실제 많은 호족 귀족들이 노예를 해방해버리는 결과를 가져오게 돼. 그렇게 해서 호족들의 힘을 줄이려고 한 거야. 실제로 효과도 있었고."

"그럼 아빠가 말한 과거제도는? 왜 실시한 거야?"

"자, 이렇게 해놓고 나니 이제 궁궐에 신하를 광종이 마음에 드는 사람으로 채워야겠지?"

"아~ 이제 알겠다!"

"그래 바로 그거야. 광종은 중국에서 사신단으로 온 쌍기라는 자를 등용해서 과거제도를 개혁했어. 과거제도를 시행해 원래 관직에 있던 호족들을 몰아내고 새로이 백성 중에 자신에게 힘이 되어줄 신하를 뽑았지. 아주 공정하게 말이야."

"그럼, 광종은 힘이 되게 강해졌겠다."

"그렇게 볼 수 있겠지. 그런데 이 모든 제도를 사용하여 개혁을 이룰 때 광종은 정말 전광석화같이 해버렸어. 원래 제도라는 것이 신하들 말도 듣고 서로 토론도 하고 정리할 시간도 줘야 하지 않겠어? 아빠가 서안이에게 내일부터는 바로 받아쓰기 시험 칠 거고 그다음 날은 수학시험 칠거야. 이렇게 이야기하면 어떨까? 시험 틀리기만 해봐~."

"설마, 아빠 진짜 그러려는 거 아니지?"

"물론 아니지, 아마 그때 당시의 호족들은 그런 생각이었을 거야 '설마…. 뭐야… 진짜로? 이렇게 빨리? 뭐가 지나갔나?' 이때 광종은 호족들이 반발하지 못하게 순식간에 일을 진행했고 그사이에 반발하는 자들이 있으면 모두 처단해 버렸어. 왕궁은 핏빛으로 가득했지. 너 생각에는 광종이 잘한 것 같아? 아님 잘못한 것 같아?"

"잘 모르겠어."

"한번 생각해봐, 과연 그렇게 왕권을 강화하는 것이 옳은 선택이었는지. 그것이 과연 진정으로 백성을 위한 일이었는지. 아니면 광종이 혼자 살고자 한 짓인지. 억울하게 노비가 되었던 자들은 행복했을 것이고, 기회가 없었던 평민은 과거를 통하여 능력을 마음껏 펼칠 수 있었을 거야. 하지만 별다른 반기를 들지 않았던 괜찮은 호족까지 모두 처단하고 그 집안을 한꺼번에 없애 버리는 광종은 흉포하기까지 했어. 어떤 것이 옳고 어떤 것이 그른지는 서안이가 자세히 생각해 볼 이야기가 될 거야. 정답은 없어, 서안이가 생각하는 대로 이야기 하면 돼. 지금이 아니더라도 나중에 아빠에게 꼭 알려줘."

"응, 알았어! 자세히 한번 생각해 볼게."

"그래, 이제 이야기는 들었으니, 저녁밥 먹고 아빠라 받아쓰기 잠깐 해볼까? 아마 우리 딸 똑똑해서 아빠하고 몇 번만 해보면 바로 100점 맞을 수 있을 거야."

"그래 좋아~! 이번에는 100점 맞고야 말겠어!"

외국인은 무서워

    주말 아침 딸아이와 나는 나갈 채비를 서둘렀다. 오랜만에 딸아이와 함께 나지막한 산으로 산책 겸 운동하러 가기로 한 것이다. 딸아이도 이리 뛰고 저리 뛰어다니며 옷가지를 챙기고 물 음식 등을 챙기는 것을 보니 저 녀석 언제 저렇게 자랐나 싶어 괜히 뿌듯함이 느껴졌다. 동네로 나가서 산길에 들어서며 우거진 나무 사이로 한 걸음씩 옮기며 옆에서 재잘재잘 떠드는 딸아이의 음성을 듣고 있으니 기분이 정말 상쾌해 졌다. 한참을 올라가 산 중턱쯤 이르렀는데 한 무리의 대학생들처럼 보이는 이들이 쉬고 있었다. 그중에는 외국인들이 섞여 있었는데 딸아이는 외국인이 신기한 듯이 연신 눈을 떼지 못하고 있었다. 외국인 중 한 명이 딸아이에게 다가와 'so cute'를 외치며 사탕을 내밀었는데, 딸아이는 약간 무서웠는지 내 뒤에 숨어 꼼짝하지 않았다. 나는 웃으며 'thank you'를 외치며 사탕을 받아 들었고 다시 산자락으로 올라섰다.

"서안이 외국인이 무서웠어?"

"응, 아빠보다 엄청나게 크고 피부 색깔도 다르고 머리 색도 다르고 다른 사람 같아서."

"세상에는 많은 인종이 존재하지. 많은 나라도 존재하고 그 사람들과 서로 사이좋게 지내면 그 사람이 자기 나라에 가서 한국은 참 따뜻한 나라다. 라고 이야기 할 텐데. 서안이가 무서워하니 약간 아쉽네."

"내가 무서워한다고 크게 문제 될 게 없잖아."

"우리는 모두 민간외교관이지. 우리가 어떻게 행동하느냐 따라서 외국인들의 인식이 바뀌니까."

"외교관이 뭔데?"

"음, 외교관이라, 외교술을 하는 공적인 기관? 예전에 외교술을 펼치는 김춘추나 대조영에 관해서 설명해 준 적이 있는데… 음, 그냥 설명해 주는 것보다 역사 속의 한 인물로 외교관을 설명해 볼까?"

"오~ 기다렸어. 어쩐지 이야기할 거 같아서."

"바로 아빠가 가장 좋아하는 외교관 바로 서희에 관한 이야기야. 서희 거란족~!"

"나 알아! 서희 거란족 근데 나는 서희라는 사람이 거란족인 줄 알았어."

"그럴 수도 있겠다. 자 그러면 여기 잠깐 앉아서 이야기해볼까? 이 이야기는 고려 시대 거란족의 침임에 맞서 단 하나의 화살도 날리지 않고 다만 말 몇 마디로 우리나라를 지켜낸 위대한 외교관의 이야기야."

"우와~ 어떻게 싸우지 않고 이겼어? 뭔가 엄청나게 멋있다…."

"그래, 당시에 고려 밖은 좀 어지러웠단다. 물론 고려 내부도 그렇게 온전치는 못했지만, 고려의 밖도 시끌시끌했지. 왜냐하면, 중국의 당나라가 망하고 이 나라 저 나라 막 생기면서 전부 다 내가 왕 할 거라고 일어나던 때야. 서안이가 알고 있는 군웅할거처럼. 그 사이에서 거란족도 일어났지."

"예전에 발해를 멸망시킨 나라가 거란족이라고 아빠가 이야기했었어."

"맞아. 그 거란족이 맞아. 거란족은 고려를 끊임없이 고려를 괴롭히는 부족 중 하나야. 그럼 거란족이 어떤 부족인지 먼저 알아보자. 거란족은 원래 유목민족이야. 유목민족이라는 것은 소나 양을 끌고 목초지를 이리저리 돌아다니면서 사는 민족이지. 그러다 보니 국가를 만들지는 않았어."

"그렇겠다. TV에서 본 적 있어. 양 데리고 다니면서 초원에 사는 사람들."

"응, 맞아. 그런 사람들이라고 보면 되지. 그런데 당나라가 망하면서 야율아보겐이라는 족장이 거란의 민족을 모으고 통일을 해서 요나라를 세웠지. 그런데 그 세력과 땅이 엄청 넓었단다. 원래 거친 환경에서 살던 사람들이라 싸움도 아주 잘했고, 그러니 주위에 부족들을 흡수하면서 그렇게 된 거야. 거란은 땅도 넓어지고 힘도 세지자 중국 본토에 있는 송나라를 무너뜨리고 중국을 차지하고 싶었어. 근데, 중국을 차지하자니 송나라와 친한 고려가 마음에 걸리는 거야. 거란은 일단 고려를 무너뜨리기로 마음먹은 거지. 그리고 거란은 80만 명이라는 대군을 이끌고 고려를 침공한단다. 거란은 발해를 멸망시킨 장본인들이지?"

"응, 그렇게 이야기했었어."

"그래, 그러다 보니 고려로서는 거란을 좋아하지 않았지. 고려는 자기 민족을 멸망시킨 거란을 좋아할 리가 없었던 거야. 하지만 거란은 달랐어. 거란은 고려와 잘 지내보려고 왕건에게 선물을 보냈지만, 왕건은 거란에서 온 사신단을 모두 잡아 가두고, 선물로 가져온 낙타를 모두 굶겨 죽였어."

"왜 그랬어?"

"음, 발해 문제도 있었지만. 왕건의 생각으로는 언젠가는 저 부족들이 야심을 드러내고 고려를 침공하리라 생각했기 때문이야. 처음부터 경계심을 가지고 준비하자는 생각이었어. 결국, 서로 앙금이 있었던 상태지."

"아! 훈요십조에도 거란을 멀리해라~하고 있었던 것 같아."

"맞아, 똑똑하네. 그런데 문제는 거란족이 침입했을 때 고려는 군대가 그렇게 많지 않았다는 거야. 80만대 군이 쳐들어오면 꼼짝없이 망하는 미래가 기다리고 있었지. 고려에서는 난리가 났어. 싸워보지도 않고 그냥 항복하고 달래자. 지금이라도 가서 용서를 빌자. 거란왕을 만나서 통사정을 해보자 등등."

"아~ 비겁해."

"그럴 수 있지 한 번도 칼을 잡아본 적 없는 신하들이 80만 대군이 쳐들어온다니까 벌벌 떨 수밖에 없잖아? 그런데 그 사이에서 '무슨 소리~!'

하면서 나타난 신하가 있었어. 바로바로!"

"서희!"

"그래 서희가 앞으로 딱 나선 거지. '이런 겁쟁이들 내가 가서 소손녕과 담판을 짓고 오겠소!' 서희는 혈혈단신으로 80만 대군의 대장인 소손녕을 찾아간단다. 상상을 해봐! 시퍼런 창과 칼을 들고 있는 군인들 사이로 혼자서 뚜벅뚜벅 걸어 들어가서 거기 대장을 만나야 해. 우리 서안이는 할 수 있을까?"

"음, 못 할 것 같아. 사실 상상이 잘 안 돼."

"그럴 거야. 여하튼 서희는 80만 대군의 장군인 소손녕을 마주쳤어. 소손녕은 서희에게 자신에게 절을 하라고 강요했지. 서희는 '어찌 황제국인 고려에서 온 사신이 나라의 왕도 아닌 일개 장수에게 무릎을 굽힌단 말 인가~!' 하고 소리쳤어."

"헉~"

"주위의 부하들은 목을 쳐 버리자고 아우성이었어. 그런데 서희는 눈썹 하나 까딱없이 소손녕을 노려보았어. 소손녕은 크게 화가 났지만, 그는 침착한 사람이었지. 일단 서희의 말을 들어보기로 했지."

"처음부터 뭔가 긴장돼."

"맞아. 그런 무시무시한 분위기 속에서 서희는 이야기했지. '왜 우리 고려를 침공했는가?' 소손녕은 원래 고려의 땅은 본인들의 땅으로 고려가 영토를 무단으로 침입하고 있다고 했어."

"정말 그런 거야?"

"음, 고려가 고구려의 일부 요서라는 곳의 땅을 점령하고 있었거든. 그 이후에 요나라가 발해를 점령하고 그 땅을 차지한 것은 사실이지만 그 땅이 반드시 요나라의 땅이라고 말할 수는 없지. 서희는 대답했지. '고구려를 그대로 계승한 고려가 고구려의 땅 위에 나라를 세운 것이 어떻게 잘못되었으며, 그렇기에 고려의 수도였던 서경을 그대로 쓰고 있는 것인데 할 말 있는가?'라고 반박했어. 곧 이 땅은 발해 이전 고구려부터 우리의 조상들이 쓰던 땅이니 우리 땅이 맞다~! 라고 이야기한 거지. 듣고 보니 어때?"

"오~ 그게 맞는 말 같아."

"맞아. 소손녕은 할 말이 없는 거야. 소손녕은 또 다른 이유를 대지. 고려가 거란을 무시하고 송나라와 교류를 하면서 거란을 위협하여 고려로 쳐들어 왔다고 이야기했어. 요건 어때?"

"맞는 말 같은데? 왕건이 싫어했잖아."

"그렇긴 한데 서희는 살짝 다른 핑계를 댄단다. 이제 화를 내게 했으니 달래 줘야지? '거란과 고려 사이에 여진족이라는 부족이 있는데 이들이 흉포하여 거란과 친하게 지내고 싶어도 이들 때문에 친하게 지낼 수 없소. 그러니 그쪽에 여진족을 물리쳐 주면 거란과 아주 잘 지낼 수 있을 것 같소.' 소손녕은 말문이 막혔어. 가만히 생각해 보니 다 맞는 말이었거든. 소손녕은 물었어? 그래? 그럼 우리가 여진족을 조금 몰아주면 되겠네? 그리고는 여진족과 맞닿아 있던 압록강 부근의 땅을 너희한테 줄 테니 앞으로는 우리랑 친하게 지내자. 그럴레?"

"응? 쳐들어온 사람들한테 땅을 오히려 얻었다고?"

"그렇지? 신기하지? 그런데 이 모든 것이 그냥 이루어 진 게 아니야. 서희는 소손녕을 만나기 전 지금의 형세, 형국을 자세히 읽고 분석했던 거야. 철저히 준비한 거지. 거란은 사실 중국의 송나라를 치고 싶어 할 거야. 고려와 전쟁을 하고 싶지는 않았어. 고려에 전쟁하게 되면 그만큼 송나라에 갈 수 있는 군대가 줄어드니까. 그냥 겁만 줘서 고려가 나서지 못하게 하고 싶었던 거지. 바로 그 점을 서희는 간파했던 거야. 그들의 목적 자체가 우리를 무너뜨리는 데 있지 않다는 사실을 알고 소손녕과 담판을 지은 거지."

"오, 대단하다."

"서희의 자신감은 냉철한 시각으로 꼼꼼히 서로의 관계를 살펴보고 결정적으로 알아낸 사실을 알고 있었던 데서 온 거야. 서희는 거란족에게 땅은 물론이고 선물까지 잔뜩 싸 들고 고려로 다시 돌아온단다."

"진짜 완전 대단해."

"그렇지? 게다가 거란족은 이후에 우리에게 돌려준 땅이 중요한 땅인 것을 깨닫고 다시 달라고 했지만, 서희는 그곳에 강동 6주라고 해서 군사를 배치하고 돌려주지 않았어. 거란족은 땅을 치며 후회했지. 말 몇 마디로 거란족을 물리친 통쾌한 승리였지. 바로 이런 일을 하는 사람이 외교관이야."

"외교관 엄청나게 멋있어!"

"그렇지? 지금도 이 세계는 서로의 이익을 위해서 끊임없이 경쟁하고 있어. 그 사이에서 우리나라를 위하여 다른 나라와 협상하고 논쟁하는 사람 이런 사람을 외교관이라고 하는 거야."

한참을 가만히 듣고 있던 딸아이는 심각한 얼굴로 나에게 물었다.

"그럼 수의사가 좋아? 외교관이 좋아?"

멍하니 딸을 쳐다보다가 뒤늦게야 난 질문의 의도를 깨닫고 한참을 웃었다.

"좋은 게 어딨어? 네가 하고 싶은 것을 하는 거지. 서안아, 꿈을 크게 가져. 너는 어떤 사람이든 될 수 있으니까. 넌 누구보다 자랑스러운 나의 딸이니까."

"좋아, 외교관도 생각해 보겠어."

"그래, 그러도록 해~"

우리는 웃으며, 산에서 내려와 집으로 돌아갔다.

자, 이제 2차전이다

집에 돌아온 딸과 나는 아내가 마련해 놓은 간식을 먹으며, 카드게임을 하고 있었다. 첫 번째 게임에 승부에 지자 딸은 울상이 되어 화를 내며 카드게임을 하지 않겠다고 했다. 유난히 승부욕이 강한 터라 가끔 게임을 이겨버리기도 하는데, 괜스레 첫 게임부터 이긴 건가 하는 생각이 들었다. 겨우겨우 딸을 설득하여 다시 게임을 시작하자 딸은 외쳤어.

"2차전은 절대 안질 꺼야!"

"오~ 그래. 눈물 닦고 이겨봐 집중해서."

"반드시 이길 거야!"

나는 일부러 게임에 딸아이가 이길 수 있도록 유도했고 마침내 두 번째 게임에서 이기자 그제야 딸은 인상이 확 펴졌다.

"두 번째 판은 서안이가 이겼네. 그거 봐 첫 게임 지고 안 하면 서안이가 영영 지는 거라니까."

"그러네, 어쨌든 한판 더 해."

"근데, 서안아 아침에 아빠가 서희와 거란족의 싸움에 대해서 알려줬지."

"응, 그렇지 서희가 거란족 대장과 말로 이겼지."

"그 후에 거란이 가만히 있었을까?"

"응? 그건 무슨 말이야."

"거란과의 전쟁도 2차전이 있어. 그리고 3차전도 있지."

"진짜?"

"거란은 우리나라를 총 3번에 걸쳐 쳐들어와 고려사 중에 이민족과 전쟁이 심했던 때지."

"서안이의 2차전과 거란의 2차전은 어떻게 다른지 한번 들어 볼래?"

"와~ 근데, 이번에도 우리가 이겨?"

"글쎄, 이기는지 지는지는 한번 두고 보자."

"아침에 소손녕 장군이 땅을 우리에게 주었다고 했지? 그 땅이 문제가 된 거야. 한참을 지나고 보니 그때 주었던 그 땅이 너무나도 좋은 땅인 거야."

"응, 아빠가 그 땅 아까워서 돌려달라고 했는데 강동 6주인가 세워서 안 돌려줬다고 했잖아."

"역시 똑똑해. 잘 기억하고 있네. 고려는 그 땅을 철통같이 지키면서 그 땅 안에서 다른 나라들과 무역도 하고 이리저리 교통도 좋아서 다른 나라 사람들도 많이 들어왔어. 날이 갈수록 고려는 부자가 되었어. 음, 그림을 그리자면 바로 여기지."

나는 그림을 그려서 대략 위치가 어디인지 보여주었다.

"거란의 왕은 고민했지. 아, 저 땅 다시 가져와야겠는데……. 그렇다고 줘놓고 다시 빼앗자니 모양새가 영 좋지 않았어."

"하긴 줬다가 다시 달라고 하면 우습잖아."

"그렇지. 게다가 나라 대 나라가 약속한 건데 말이야. 그때 기회가 왔어. 바로 강조라는 자가 고려의 왕이었던 목종에게서 강제로 왕자리를 빼앗고 현종이라는 임금 세운 것. 이름하여 '강조의 반란'이 일어났던 거야."

"잠깐만 아빠, 근데 거란족한테 그게 왜 기회야?"

"그러게. 그게 왜 기횔까? 우리나라 왕이 바뀌었는데 자기들이 왜? 그냥 핑계인 거지. 예전에 연개소문이 왕을 바꿨다고 당의 이세민이 쳐들어온 것처럼. 바로 그놈의 중화천하사상 때문이지."

"그때도 그냥 고구려를 정복하기 위해서 핑계를 만든 거잖아."

"그렇지. 마찬가지로 이번에도 서희가 설치했던 강동 6주를 다시 찾기 위해서 핑계를 댄 거야. 우리 거란이 목종을 왕으로 인정해주었는데 우리 허락도 없이 반란을 일으켜서 새로 왕을 뽑다니 우리를 뭐로 보는 거냐."

"뭐로 보긴 뭐 뭐로 봐. 그냥 거란족으로 보는 거지."

"와, 우리 딸 아주 통쾌한데. 아무튼, 그런 말도 안 되는 핑계로 40만 대군을 이끌고 고려를 쳐들어와. 하지만 왕을 바꿀 만큼 능력이 좋았던 강조는 30만 대군을 이끌고 거란족을 기다리지. 그리고 거란족과 맞붙는단다. 거란족과 고려군의 싸움은 고려군의 우세로 진행되었어. 고려군 역시 정예병으로 키워져서 싸움을 아주 잘했지. 무엇보다 강조의 작전이 아주 잘 맞아떨어져서 전투에서 곧잘 승리했단다. 그런데."

"그런데?"

"강조는 몇 번에 승리에 도취해서 막사에서 알까기 하면서 놀았는데, 사람이 승리 앞에서 겸손해야 하는데 말이야. 그러다가 거란족에게 참패를 당하고 잡혀서 죽고 말아."

"헉! 알까기 하다가 죽은 거야."

"뭐, 그렇다고 볼 수 있지. 어리석게도 강조는 승리에 취해서 놀다가 거란족이 들어오는 것을 눈치채지 못했어. 아무튼, 거란족은 승기를 잡고 수도인 개경으로 내려오기 시작했어. 현종은 얼른 전남 나주로 피신했지. 거란족은 파죽지세로 밀어붙여서 개경을 점령해. 우리나라 수도가 불타버린 거지."

"아, 완전 진거네."

"하지만 아직 승부는 끝나지 않았어. 끝날 때까지 끝난 건 아니야. 자, 이제 고려의 반격 시작이다. 개경을 점령하려고 무리하게 밀고 들어왔던 거란군은 식량도 떨어져 갔고 먼 거리를 원정 온 터라 많이 지쳐 있었거든. 그 사이에 고려군이 공격을 시작 한 거야. 바로 양규 장군이 무시무시한 기세로 거란군을 삼키기 시작했어. 그러나 거란군은 양규 장군을 전투에서 죽이는 성과를 거두지. 하지만 고려군의 기세는 꺾이지 않았고 계속 거란군과 맞섰어. 게다가 거란군은 개경을 모두 불태우는 바람에

잠을 잘 자리도 부족했고, 식량도 모자랐어. 이대로 가면 고려군이 이길 수도 있었지. 그런데 여기서 또 한 번 반전! 나주로 피신한 현종에게 편지 한 통 도착해. 다음에 거란 황제를 직접 찾아갈 테니 그만 물러나 달라 일종의 항복선언이었지."

"아, 조금 기다리지 혹시나 뒷덜미를 공격한 고려군이 이길 수도 있잖아."

"그러게다. 그런데 현종으로서는 어쩔 수 없었을 거야. 수도가 불타고 완전히 정복당할 수 있다고 생각할 수 있었거든. 전쟁이 어떤 것인지 잘 모르는 현종은 겁이 났을 수도 있고, 또 지금 상태로는 본인이 희생하여 항복하는 편이 나을 수도 있겠다는 판단을 한 거지."

"현종은 좀 어리숙했구나."

"갑작스럽게 왕이 되었으니까 하지만 나중에 현종의 기개가 나오니까 그 이야기는 천천히 해주고 아무튼 거란은 행복했어. 마침 식량도 떨어져 가고 항복하겠다는데 얼마나 좋아. 옳다구나 하면서 바로 자기네 땅으로 돌아갔지. 이렇게 거란과의 2차전의 끝이 났단다. 거란의 총 세 번의 전투 중에 가장 치열했고 가장 사상자를 많이 낸 전쟁이었어. 가까스로 우리나라를 지켜낼 수 있었지. 항복선언을 했지만 나라가 완전히 정복당한 것은 아니었으니까."

"아쉽다. 그 알까기만 안 했어도 잘 막아낼 수 있었을 텐데."

"그래, 그래서 사람은 항상 승리를 거두었을 때 더 겸손하고 더 조심해야 하는 법이란다. 영원한 승리는 없는 법이거든 그리고 영원한 패배도 없단다. 항상 무엇인가를 겨룰 때는 마지막까지 최선을 다하는 사람이 이기게 되어 있는 거야. 그러니까 서안이도 포기하지 말고 마지막까지 해보렴."

"알았어, 아빠."

"자, 이제 점심 먹고 3차전 이야기 해줄게. 3차전은 2차전보다는 훨씬 시원하고 통쾌할 거야."

"오케이~ 배고파 밥 먹자."

겨울이 왜 추운지 알겠다

점심을 먹고 난 우리는 가볍게 과일을 먹으며 도란도란 이야기 중이었다. 딸아이는 갑자기 궁금증이 생겼는지 대뜸 물었다.

"아빠, 근데 왜 옛날에는 그렇게 다른 민족들이 우리나라를 침범하려고 했어?"

"글쎄, 서안이 생각에는 왜 그런 것 같아?"

"음, 중국이 그렇게 큰 나라를 가지고 있는데, 이 작은 나라를 계속해서 쳐들어오려고 했던 게 잘 이해가 안 되어서."

"서안이 생각대로 큰 나라이기 때문에 그럴 수도 있지. 그들의 측면에서 보면 저거 바로 우리 땅으로 만들 수 있을 것 같으니까. 그리고 한반도는 생각보다 바닷길이 발달했기 때문에 이 바닷길을 정복하면 무역에도 도움이 되고, 아울러 일본까지도 바라볼 수 있으니 그런 생각을 많이 했던 것 같아. 그런데 비단 그런 이유뿐만 아니라 옛날에는 힘으로 외국을 정복하는 일이 아주 흔했다는 이유가 더 크다고 봐야 할 거야."

"그렇구나, 지금은 근데 왜 그런 게 없어?"

"다양한 이유지. 그때는 칼이나 활을 이끌고 싸웠지만, 지금은 대량파괴 무기를 많이 갖추고 있지? 한번 전쟁이 일어나면 군인뿐 아니라 민간인들까지 한꺼번에 몰살당할 우려가 있지. 서로 쉽사리 싸우지 못해. 그러다 보니 서로 전쟁을 하기보다는 서약, 조약 등으로 문제를 해결하고 국제 여러 나라가 이를 보호하는 UN 같은 기구를 만들어 서로의 분쟁을 해결하는 편이야."

"아~ 그런 이유도 있구나."

"그래, 지금 우리나라는 세계에서 6위 정도의 군사 강국이야. 우리나라와 전쟁을 하면 그 어떤 나라도 무사하지 못해. 게다가 서로 엄청난 피해를 고려해야 해. 섣불리 전쟁은 못 하겠지?"

"우와, 우리나라도 이제 엄청나게 강하구나."

"자, 그럼 3차 전쟁 한번 이야기해 볼까?"

"안 그래도 궁금했었어."

"음, 2차 전쟁에서 우리나라 왕이 황제에게 찾아간다고 돌아가 달라고 했지?"

"그랬지."

"그러나 우리나라는 그러지 않았어. 계속되는 부름에도 응하지 않았어."

"약속을 안 지킨 거네."

"그래, 좀 치사하긴 하지만 어차피 2차 전쟁으로 거란도 힘이 많이 떨어졌고, 우리를 바로 공격하지는 못하리라 예측한 거지. 그리고는 힘을 키우기 시작했어. 마침내 거란은 고려를 정벌하기 위하여 10만대 군으로 쳐들어오지 이것이 3차 침략이야."

"으~ 진짜 징글징글해."

"자, 그러나 이제부터는 고려의 반격이 시작되는 거야! 고려는 이에 대비하여 20만대 군을 준비하고 있었고, 이제는 거란에 쉽게 무너지지 않게 정신력도 무장했지."

"멋져~!"

"고려는 먼저 강감찬 장군이 별동대를 이끌고 그들이 오는 길목인 흥화진에 몰래 숨어든단다. 그리고 1만2천 군인에게 명령하여 숨어들게 하고 압록강을 소가죽으로 막아 놓는단다. 거란의 군사들은 압록강을 건너기 위하여 이리저리 정찰하던 중에 마침 물이 얕은 곳을 발견하지. 그리고 그쪽으로 서서히 건넌단다. 이때!"

"아, 깜짝이야.!"

"놀랐어? 이때 막았던 물살을 한꺼번에 빵~! 한꺼번에 거란군을 쓸어버린단다."

"오, 한 번에 끝난 거야?"

"아니, 그렇지만 흥화진 전투에서 쉽게 끝나지는 않아. 거란의 소배압 총사령은 남은 군사들을 이끌고 무작정 개경으로 진격하지. 예전처럼 개경은 허술할 것이라고 판단한거야."

"2차 전쟁 때 그렇게 개경이 무너졌잖아."

"그런데 과연 지금도 그럴까? 거란의 목적은 고려의 왕 현종이었고 왕만 잡으면 모든 게 마무리된다고 생각하고 강경하게 밀어붙인단다. 하지만 이들의 작전에 말려들 8년 전의 어리숙한 왕 현종이 아니었어. 이제 현종은 개경으로 쳐들어온 소배압의 군사들을 보고 청야전술을 펼쳤어."

"아빠, 나 지금 소름 돋았어. 고구려의 그 청야전술?"

"응! 그렇지 고구려의 뒤를 이은 고려 역시 청야전술을 기가 막히게 활용했지."

"우물을 막고 식량을 성안으로 옮겼구나?"

"척하면 척인데? 그때 당시는 겨울이었으니 거란족은 더욱 힘들었겠지. 이러다가는 왕을 놓치겠다고 판단한 소배압은 야밤을 틈타 날랜 군사 300명을 추려서 성 내부로 잠입을 시도한단. 어떻게든 왕만은 죽이겠다는 심산이었지.

"으아~ 어떻게~"

"하지만 그것에 당할 고려가 아니었어! 이것을 눈치챈 현종은 따로 별동대를 꾸려 성 밖에서 기다리고 명했어. 어두컴컴한 밤이 되자 거란의 날랜 군사 300명이 성을 넘으려고 다가갔지. 그러나 그때 성 밖에서 기다리고 있던 별동대가 팍팍 파 팍~! 거란 군사를 몰살시켜 버리지."

"우와, 대단해."

"자, 이제 식량이 떨어져 가는 소배압은 거란으로 돌아갈 수밖에 없었어. 일단은 후퇴하는 소배압이 귀주쯤 다다랐을 때 강감찬 장군이 버티고 있었어. 두 국가의 명운을 건 싸움이 귀주에서 벌어진단. 소배압이 공격에 실패했을 뿐이지 실제로 잃은 군사는 거의 없었기 때문에 사실 이 전쟁이 제대로 된 싸움으로 볼 수 있었어. 그리고 거란의 군대 역시 만만치 않았지. 청야전술에 말려들긴 했지만 제대로 된 전쟁이라면 거란 군대가 우리보다 한 수위라는 평가였어."

"으아~~~ 어떡해~~~."

"두 군대는 격렬하게 맞붙었어. 양측 다 한 치의 물러섬도 없었지. 전쟁이란 것이 탁 개방된 곳에서 힘 대 힘으로 싸움이 시작된다면 사실 군사가 많은 쪽이 우세하고 그다음은 전술훈련이 잘된 쪽이 이기기 마련이거든. 두 군대의 군사는 거의 비슷했어. 처음에는 양측이 거의 대등하게 싸우고 있는 것처럼 보였어. 그런데 서서히 고려 쪽이 밀리고 있었어."

"왜?"

"당시는 추운 겨울이야. 겨울에는 주로 북서풍이 불어오지. 그러다 보니 강감찬 장군은 바람을 맞으며 싸워야 했거든. 화살은 바람을 맞아 멀리 날아가지 못하고 앞에서 붙어오는 바람 때문에 추위가 더욱 극심했지."

"아, 날씨가 도와주지 않는구나. 그러면 그냥 놔주면 되잖아."

"서안이 말대로 이제 고려도 퇴각을 고민할 때가 다가오고 있었어. 그런데 이대로 거란을 놓치면 재정비된 군대가 또 쳐들어올 것이고, 우리나라는 인구가 작아서 이러한 피해를 보면 다시 복구하기 힘들었지. 강감찬 장군은 여기서 끝장을 내야 한다고 생각했어."

"아. 그러면 놓치면 안 되는구나."

"그래, 그러나 고려군의 패색은 점점 더 짙어져만 갔단다. 군사들의 사기가 떨어질 대로 떨어졌지. 그때~! 멀리서 군대가 몰려오기 시작했어. 개경은 수비하기 위하여 떠났던 김종현 장군의 부대가 강감찬 장군을 돕기 위하여 몰려오는 거야. 고려군은 환호성을 질렀어. 이제 힘을 얻은 고려는 조국의 운명을 건 한판에 온 힘을 쏟아붓는단다. 마침내 눈보라가 세차게 몰아치는 가운데~!"

"가운데~~! 뭐~~~빨리 이야기 해줘."

"가운데~~~! 고려군의 얼굴을 때리던 비바람이 갑자기 남동풍으로 바뀌기 시작했지. 바람이 남동풍으로 바뀌면서 거란의 군사들은 앞을 분간할 수 없었지. 그리고 고려의 군사들은 비와 눈이 섞인 진눈깨비에 화살을 실어 날려 보냈단다. 한 치 앞도 안 보이는 폭풍 속에서 거란의 군대는 족족 쓰러져 갔어. 그 사이로 고려의 귀신 같은 군사들이 쳐들어왔지. 고려의 군사는 용감했단다. 고구려의 피를 이어받은 이 전사들은 뼛속까지 무신들이었어. 어느새 폭풍우가 멎고 정신없이 싸우던 소배압이 눈을 떴을 때는 겨우 살아남은 몇천의 군사들만 황망하게 울고 있었어."

"고려는?"

"고려는 당연히 환호성을 질렀지. 소배압은 남은 군사 겨우 몇천을 이끌고 거란으로 쓸쓸히 퇴장했단다. 그리고 드디어 거란과의 모든 전쟁이 끝이 나고 고려는 한동안의 평화를 맞이하게 되지."

"오, 이제 숨 쉴 수 있을 것 같아."

"장난 아니지?"

"엄청 막 두근두근 됐어."

"사실 전쟁이란 것은 정말 많이 사람이 죽는 일이야. 비참하지 양쪽 모두에게. 그러나 그런 전쟁에 목숨을 걸고 나라를 지키기 위해 쓰러져 간 선조들을 늘 기억하고 자랑스러워해야 한단다"

"응, 그래야 할 것 같아."

아직 전쟁을 모르는 아이에게 전쟁에 대한 참상을 설명해주기보다는 자랑스러운 부분을 부각하여 이야기를 해주었다. 하지만 전쟁이란 것이 얼마나 참혹한 것인지에 대하여도 나중에 알려주어야겠다는 생각이 들었다. 그리고 현재의 국제사회도 여전히 총칼 없는 전쟁이 일어나고 있음을, 그래서 더욱 강건해져야 함을 아이가 깨달았으면 하는 바람이었다.

여포와 동탁

나는 삼국지연의라는 소설을 참 좋아하는 편이다. 중국의 역사소설을 읽고 있으면 그들의 중화천하사상이 얼마나 뿌리 깊게 박혀 있는지 느껴져 이질감이 들기도 하였지만, 한편으로 그 속에 담겨 있는 처세와 현대에도 적용될 수 있는 지략이 빼어나다는 견해에서 이 책을 즐겨 읽는 편이다. 또한, 딸아이에게도 삼국지연의를 권했고 아이들이 읽을 만한 삼국지연의 책을 구하여 아이에게 읽히고 있었다. 책을 한참이나 읽고 있던 딸아이가 나에게 물어왔다.

"근데 아빠 삼국지에서 보면 여포는 엄청 힘이 세잖아. 삼국지 중에 제일로 센 거 같은데 왜 동탁한테는 쩔쩔매는 거야? 힘으로 때리면 되지?

"그게 권력이라는 거지. 동탁은 그 당시에 군사를 움직일 힘이 있었잖아. 아무리 여포라고 해도, 모든 군사와 싸울 수는 없잖아."

"그렇구나. 그럼 동탁은 왜 바로 왕이 되지는 않고 권력만 휘둘러?"

"동탁은 황제가 되고 싶었을 거야. 근데 그건 서안이가 한번 생각해 보는 것도 괜찮겠다. 동탁이 무슨 마음을 품었는지는. 우리나라 역사에도 꼭 닮은 인물들이 있지. 아빠가 한번 이야기해 볼까? 힌트가 될 수도 있으니까."

"응, 우리나라에도 그런 사람이 있어?"

"그럼 바로 이자겸과 척준경이지."

"누가 여포고 누가 동탁이야?"

"척준경은 고려를 대표하는 천하무적의 무신, 이자겸은 고려를 집어삼켜 왕이 되고자 하는 문신이지."

"그럼, 이야기 한번 시작해 볼까?"

나는 목소리를 가다듬고 이야기를 시작했다.

"고려가 거란을 물리치고 평화를 유지할 때였어. 이 나라가 밖으로 평안하면 꼭 안에서 시끄러워진다는 말이지. 고려는 당시에 어느새 평화가 찾아왔고 사람들은 걱정 없이 생활했지. 그러다 보니 유교를 숭상하던 고려에서는 책을 읽는 문, 즉 글을 쓰고 행정업무를 보는 사람이 군인보다 훨씬 대접받는 세상이 되지. 이를 문벌귀족이라고 해."

"으~ 문벌귀족이라는 말만 들어도 이상해. 귀족이라는 말이 들어가면 대체로 나쁜 사람들이 많더라고."

"뭐~ 꼭 그렇지는 않아. 어쨌든 문벌귀족들은 여러 혜택을 받으면서 살면서 점점 그 세력을 넓히게 돼. 이때 가장 큰 세력을 형성하게 된 원인이 바로 왕가에 결혼을 통해서야."

"왕건처럼?"

"그렇지, 예전에 왕건은 왕권의 강화를 위하여 결혼했지만, 시간이 지나면서 왕과 자신의 딸을 결혼시킨 귀족들이 그 권세를 마음대로 휘두르는 결과를 가져온 게 된 거지. 그중에 가장 대표적인 인물이 바로 이자겸이라는 인물이야. 이자겸은 본인의 둘째 딸이 예종의 왕후로 들어가서 인종을 낳게 되면서 세상 거칠 것이 없어졌어. 게다가 인종이 어릴 때 본인의 집에서 보살핌에 따라 인종이 왕에 오르고 나서는 왕보다 더한 권력을 휘둘렀어."

"아니, 그럼 신하가 마음대로 하는데 왕이 가만히 있었어?"

"가만히 있지는 않았지. 처음에 인종은 이자겸에게 많이 기대었어. 자신의 외할아버지인데 왜 그렇지 않겠어? 게다가 권력이 막강하다 보니 이자겸도 인종을 보호했던 것은 사실이야. 그러나 권력이란 것이 참으로 맛있는 것이거든. 그 권력에 맛을 들인 이자겸은 점점 횡포가 심해졌지. 왕도 이자겸에게 함부로 신하를 부르는 말인 경이라는 말을 못 쓸 정도로 이자겸은 왕에 버금갔어. 그리고 십팔자도참설이라는 말이 생겨났어."

"그건 뭐야?"

"우리 이 씨를 생각하면 十八子圖 이렇게 그림으로 합치면 바로 이 씨인 오얏 李 이 를 뜻하는 것으로 이 씨가 왕이 된다는 이야기야. "

"자기가 왕이 되겠다는 이야기야?"

"그렇지. 인종은 이제 불안해졌어. 그리고 마침내 이자겸을 몰아내기로 결심하지. 그리고 자신을 돌봐준 이자겸에 반대되는 다른 충신들을 섭외하여 이자겸을 몰아내기로 한 것이지. 그런데 이자겸 곁에는 고려 최고의 무신 척준경이 있었어. 일단 척준경의 손발을 끊어버리기로 생각한 왕과 신하들은 궁궐로 잠입하여 척준경의 아우와 아들을 죽이고 군사로 궁궐을 장악했지. 이 소식을 들은 척준경은 수십 명을 거느리고 궁궐의 담을 넘어 들어가 무기를 버리라고 회유하는 인종을 붙잡고 그 세력들을 일망타진해 버린단다."

"엥? 수십 명?"

"응, 이때 인종은 척준경이 많은 군사를 이끌고 올 것이라고 예상하고 활만 겨눈 채 대비를 하지 못했지. 그런데 겨우 수십 명이 담을 뛰어 들어와 순식간에 활을 겨누고 있던 군사들을 몰살시켜 버린 거지. 척준경의 무예가 얼마나 뛰어났는지 알 수 있는 대목이야. 사실 고려에는 척준경에게 상대가 될 만한 무인이 없었다고 봐야 해. 어찌 되었든 이 사태로 많은 이들이 죽고 귀양 가게 되었어. 그리고 이자겸은 더욱더 세력이 커지게 된단다."

"아~ 실패했네?"

"응, 실패했어. 이후에 이자겸은 더욱더 횡포해 지면서 떡에다가 독을 섞어 인종을 죽이려고까지 했지. 그러나 이자겸의 딸이기 이전에 왕의 아내였던 왕비는 인종을 살리기 위하여 그 떡을 엎어버리는 등 활약하여 인종은 살아남을 수 있었어."

"와~ 진짜 왕이 힘이 하나도 없구나."

"그러나 인종도 가만히 있진 않았어. 인종은 반격을 꾀했어. 그러기 위해서는 척준경을 어떻게든 내 편으로 끌어들여야 했지. 척준경이 비록

이자겸의 곁에 있으나 그는 원래 고려의 충신이었어. 수없이 많은 전투에서 고려를 지켜낸 뼛속까지 무신인 자였지. 그리고 고결한 충신이었어. 인종은 척준경에게 충성을 당부하는 조서를 내렸어. 그 내용이 아주 구구절절하다고 알려져있지."

"왕이 부탁한 거야?"

"응, 그렇지."

"척준경은 어떻게 했어?"

"척준경은 왕에게 그 교지를 받고 크게 감동하였어. 그리고 왕에게 충성하기로 했지. 그 무렵 이자겸의 아들의 노비와 척준경의 노비가 불화가 있으면서 서로 사이가 살짝 틀어지고 있었어."

"노비들의 불화?"

"응, 이자겸 아들의 종이 척준경의 종에게 척준경을 욕했거든. 사실 꼭 이것 때문은 아니라고 생각돼. 이미 척준경은 이자겸과 사이가 별로 좋지 않았던 차에 이런 일까지 생긴 것뿐이지."

"노비가 무슨 상관이야?"

"그렇지? 하지만 예전에 노비들은 주인의 손발이나 다름없어서 아무래도 민감하긴 했지. 그러나 너 말대로 노비가 무슨 상관이야. 이미 사이가 좋지 않았던 거지."

"내가 생각해도 그런 것 같아."

"그래, 맞아. 이자겸은 이 일을 척준경에게 사과하였으나 척준경은 들은 체도 하지 않았다고 해. 자~ 드디어 척준경은 군사를 일으키지. 인종의 지원을 받은 척준경은 거칠 것 없이 이자겸의 집으로 쳐들어가 물론 이자겸의 군사들이 앞을 막아서긴 했지만, 척준경 앞에서는 그야말로 바람 앞의 낙엽이었지. 척준경은 순식간에 이자겸의 군사들을 제압하고 이자겸과 그의 가족들을 모두 체포하였어. 그리고 그의 가족들을 귀양 보냈어. 이자겸의 시대는 막을 내린 것이지."

"그럼 척준경은?"

"척준경은 처음에 이자겸을 잡은 공으로 왕의 곁에서 권세를 떨쳤어. 그러나 너무 권력을 쥐고 흔들자 다른 신하들이 의기투합해서 쫓아내게 되지. 자신의 편이 그리 많지 않았던 척준경도 이자겸이라는 권세가를 잃어버리자 그냥 무신일 뿐이었지. 어쨌든 나중에 귀양살이하다가 돌아오긴 하나, 병에 걸려 쓸쓸히 죽고 말아."

"엄청 대단한 사람들이었는데, 그냥 다 쓸쓸히 죽네."

"그렇지, 참 권력이란 것은 순식간에 날아가지. 들어보니 어때? 여포와 동탁의 이야기에 뒤지지 않는 이야기지?"

"응, 오히려 더 재미있는 것 같아."

"그래, 이 이야기가 중요한 이유는 이때부터 고려의 권문세족이라는 귀족들이 득세하기 시작하였던 거야. 이 시점 이후로 이제 고려는 권문세족들과 무신들의 대혼란기가 펼쳐진단다."

"그 이야기도 궁금해."

"아, 오늘은 이만하자. 아빠도 쉬고 싶어."

"꼭 재밌을 만하면 김을 빼요. 아빠는?"

"하하, 이만하고 줄넘기하러 밖으로 나가자."

"그래 좋아."

스님은 왜 공부하는 거야?

오늘은 절에 방문하는 날이다. 특별히 종교를 믿지는 않지만 어릴 때부터 절에 따라다녀서 그런지 절에 가면 마음이 푸근해지는 느낌이다. 사실 교회나 성당도 그건 마찬가지긴 하지만, 어찌 되었든 사람 마음이란 것이 종교에 잠시나마 기댈 수 있으면 안심이 되는 것은 사실인가 보다. 딸아이 역시 절에 가는 것을 좋아한다. 가면 스님들이 사탕도 곧잘 주시고 또 절 내에 키우는 고양이라든지 강아지가 있어 놀러 가는 기분이 드는 듯했다. 절에 들어가서 불공을 드리고 나오던 중 딸아이가 물었다.

"아빠, 스님들은 어떤 공부하시는 거야?"

"불경에 관한 공부겠지. 석가모니께서 남기신 말씀인 불경을 공부하고 그 속에서 진리를 깨닫는 것이지. 좀 어렵긴 하지?"

"그렇구나, 근데 공부해서 뭐에 써?"

사실 좀 당황하긴 했다. 난 단 한번도 이런 생각을 해본 적이 없다. 역시 아이들의 생각이란 놀랍다.

"스님들은 공부해서 자기를 성찰하는 거야. 자신을 바로 세우고 나쁜 일이 없게 하는 거지. 그리고 자신이 깨달은 사실을 다른 사람들에게 알려줌으로써 다 같이 행복할 수 있는 세상을 만들고자 하는 거야."

내가 머뭇거리자 옆에 있던 아내가 대신 대답해 주었다.

"그럼, 엄마 스님들은 되게 좋은 일들 하시네."

"그렇게 되겠지. 스님들이 보통은 산속에서 공부하시지만, 역사적으로 봤을 때 많은 업적을 남기시고 또 나라를 바로 세우려고 하는 일도 하셨지."

"누가 그랬어?"

"음, 일체유심조라는 큰 깨달음을 얻으신 원효대사, 그리고 순교자 이차돈, 뭐 나라가 힘들 때 창을 들고 싸웠던 스님들 등등 우리나라는 고려 때 불교의 이름으로 나라를 다스렸기 때문에 어마어마한 스님들이 많았지. 그럼 그중에 묘청의 난에 대해서 한번 이야기해줄까? 어차피 고려 시대 이야기도 하고 있으니."

"오, 뭔가 또 나오는데 아빠."

"근데 이 묘청의 난에 대해서는 서로 시각이 틀리고 또 서안이가 이해하지 못하는 정치적인 요소가 많은 사건이라 서안이에게는 사실만을 알려 주고 그 평가를 한 사람들의 의견을 이야기해 줄 테니까 판단은 서안이가 하도록 해."

"응, 그럴게. 어차피 아빠 말 다 이해 안 가."

"그래, 그럼 이야기 한번 해보자. 이자겸의 난이 있고 난 후의 이야기야. 이자겸을 물리쳤지만, 그로 인해서 왕권은 땅바닥에 처박혔고, 문벌 귀족들은 서로를 견제하면서 서로의 이 속만 챙기려고 하였지. 백성들은 살기 힘들어지고 인종의 고민은 더욱더 깊어졌어. 바야흐로 힘든 시기가 다가오고 있었지. 북으로는 여진족의 압박도 날로 거세지고 있었어. 그러던 어느 날 정지상이라는 사람이 인종에게 한 스님을 모셔와. 그의 이름은 '묘청'이라고 한단다. 인종은 이거다 싶었지. 지금 본인의 주위에는 귀족들만 우글대고 있었고, 인종의 생각에는 묘청을 이용하여 왕권을 강화하고 나라를 바로 세우고자 하는 개혁의 카드를 꺼낸단다. 그리고 그 작업을 마침내 시작하지."

"개혁이 뭐야?"

"개혁이라는 것은 기존일 것을 없애고 완전히 새롭게 한다는 뜻이야. 그냥 변화하는 것이 아닌 완전히 뒤엎는다는 느낌으로 생각하면 될 거야."

"그럼, 인종은 개혁을 시도한 거야?"

"그래, 묘청에게 개혁을 명령했고, 묘청은 개혁안을 생각했어. 그중에 가장 큰 것은 서경천도운동!"

"서경천도운동?"

"응, 고려의 서울을 개경이라는 곳에서 서경이라는 곳으로 옮긴다는 말이야."

"근데 그게 왜 개혁이야? 이사 가는 거잖아."

"나라의 수도를 옮긴다는 것은 쉬운 일이 아니지. 왕만 옮겨 가는 게 아니라 사무를 보는 행정관청 그리고 거기서 일하는 관료 즉 귀족들까지 전부 이사 가야 한다는 거지. 귀족들 처지에서는 본인들의 이익을 누릴 수 있는 곳이 개경인데 이제껏 만들어 놨더니 서경으로 이사 가자고 하니 화가 나겠지. 서안이가 여기서 친구들도 많고 여기서 돈도 잘 벌고 있는데 갑자기 이사 가자고 하면?"

"싫은데?"

"맞아. 반면 인종은 서경으로 이사한 다음에 새롭게 사람들을 배치하고 왕권을 다시 확립하고자 하였지. 그리고 이런 이유를 속으로 생각하고 있었고 겉으로는 묘청이 풍수지리를 보자 개경이 지력이 쇠하였다. 즉, 땅에서 나오는 기운이 영 좋지 않다고 하면서 서경으로 옮길 것을 주장했어. 사실 풍수지리라는 것이 실제로 존재하는지 안 하는지 모르는 거잖아. 그러니까 서경으로 옮겨갈 수 있는 명분이 약하긴 했지."

"땅의 기운? 풍수지리? 그건 뭔지 잘 모르겠어."

"예를 들면 북쪽으로 머리를 두고 자지 않는다. 베란다에는 해바라기를 놔두면 집에 돈이 들어온다 등등 이러한 것들을 이야기하는 거야."

"그렇구나. 실제로 있는 것은 아니구나."

"그러니까 존재하지도 않는 것보다는 정확한 논리로서 권문세족 김부식 일파는 이것을 반대한단다. 먼저 묘청이 이야기한 풍수지리설 중에 서경으로 옮겨 가면 금나라를 능히 제압할 수 있다고 한 것에 대하여 현재 금나라는 무척이나 강대하여 요를 압박하고 송나라 황제를 잡은 이런 상황에서 금나라와 적대시 하는 것은 부담되며, 궁궐을 지을 때 백성들을 동원해야 하는데, 안 그래도 힘든 백성들을 더 힘들게 할 수 있다는 이야기를 듣지. 네가 생각하기는 어때?"

"김부식 쪽이 더 맞는 말 같은데."

"그래, 그러나 묘청은 서경천도운동을 포기하지 않고 계속해서 밀어붙이지. 이후 실제로 서경에 대화궁이라는 궁전을 만들어. 그러나 묘청의 풍수지리설과는 다르게 대화궁이 생긴 이후에도 아무 일도 일어나지 않았고 또한 인종이 서경으로 가는 도중에 폭풍우가 몰아치는 등, 좋지 않은 일만 계속되었어. 그러니 인종도 믿고 맡겼는데 묘청을 밀어줄 수 있는 명분이 없는 거지.

"나라도 그러겠다. 뭐가 잘되어야 신이 나지."

"맞아. 상황이 안 좋아지자 묘청 일파들은 서경천도운동을 계속하기 위해서 꾀를 낸단다. 대동강 물에다가 기름을 넣은 떡을 강물에 풀어 놓고 기름띠가 흐르게 한 뒤에 왕에게는 용이 침을 토하여 강물에 오색 빛이 감돈다고 보고하였지. 그러나 거짓말은 금방 들통나게 돼. 이런 일들을 계기로 인종은 묘청에 대한 신뢰를 완전히 잃어버리게 되지."

"거짓말을 한 거구나?"

"응, 인종은 서경 천도를 그만하라고 이야기해. 하지만 묘청은 서경 천도를 포기할 수 없었고 마침내 난을 일으키게 돼. 군사를 이끌고 서경으로 진입한 다음 문을 걸어 잠그고 국호를 대위라고 하고 연호를 천개라고 하고 군대를 천견충의라고 하면서 반란을 일으킨단다. 인종은 김부식을 시켜서 반란군을 제압하라고 하지. 1년 넘게 싸운 끝에 김부식의 정부군은 총공격을 시행하였고 식량 등이 떨어진 묘청의 군대의 사령관들은 그 자리에서 자결하면서 반란은 진압되지."

"흠."

딸은 골똘히 생각에 잠겨 있었다.

"왜?"

"누가 맞는지 모르겠어. 인종은 왜 갑자기 묘청을 버렸는지. 묘청은 왜 갑자기 반란을 일으켰는지."

"그래, 그렇게 의심해봐야 하겠지. 김부식이라는 사람은 삼국사기를 쓴 역사학자이자 고려 최고봉의 문벌 귀족이야. 결국, 김부식 일파와 묘청 일파의 싸움에서 묘청 일파가 졌다고 봐야 하겠지. 그리고 승리를 거둔 김부식 일파가 쓴 역사책에는 희대의 사기꾼, 그리고 역적, 반란자로 묘청을 기록하지. 이 평가가 맞는지는 서안이가 깊이 생각해 보도록 해. 더 공부하고 서안이가 크면 그 생각을 정리할 수 있을 거야. 이 이후 고려의 왕권은 더는 왕이라고 할 수 없을 만큼 바닥으로 치달아 문벌귀족은 왕을 무시하고 자기네 세상을 만들지. 그렇게 고려의 왕은 허수아비가 되어버린단다. 그리고 그 이후에 무신정변 등의 충격적인 결과를 낳게 되고 그것이 국가의 힘을 떨어뜨리는 결과가 되지."

"아직 다 알지는 못하겠지만 누가 좋은 사람인지 생각해 봐야 할 것 같아."

"그래, 흠. 이야기가 좀 무거워졌네. 이제 그냥 산책이나 하자 풍경소리 참 좋네."

"그래, 아빠."

묘청의 난을 설명해주면서 단재 신채호 선생의 평가, '조선역사일천례 중 제일의 사건' 등을 이야기 해주고 싶었지만 아직은 시기상조라고 판단했다. 결국, 모든 역사는 승자의 역사로 기록되겠지만 딸아이만큼은 역사 속의 숨은 뜻들을 이해하기를 바라며, 좀 무거워진 분위기를 억지로 환기했다.

근데 이게 왜 중요한 건데?

아이를 둔 집이면 으레 그러겠지만 주말마다 어딘가를 놀러 가야 하는 압박이 점점 심해지고 있다. 사실 이제 웬만한 곳은 거의 방문을 해본 터라 이제 새로운 곳도 없고 매일 인터넷만 뒤적거리고 있을 때 아내가 활판인쇄박물관이라는 곳에서 체험도 있다는 소식을 듣고 가보자고 이야기했다. 아침 일찍 준비하여 간 곳은 각종 활판이 즐비해 있는 그야말로 활판인쇄의 메카와도 같았다.

한참을 둘러보던 딸아이는 나에게 물었다.

"아빠, 근데 컴퓨터로 타자 치면 되지 왜 이렇게 손으로 조각해서 만든 거야?"

"그때는 컴퓨터도 없었고, 타자기도 나오지 않았을 때야. 그래서 사람

155

들이 책을 써내기 위해서는 한 자 한 자 글을 써서 책을 썼지. 그러다 보니 책 100권 정도 내려고 하면 아주 오랜 시간이 걸렸어. 그 불편함을 없애려고 발명한 것이 바로 활자라는 거야."

아무래도 최첨단 시대를 살아가는 아이에게는 이런 활판 같은 것이 생소한가 보다. 난 딸아이의 흥미를 끌 만한 이야기를 꺼냈다.

"너 그거 알아? 금속활자는 전 세계에서 우리나라가 맨 먼저 발명했어."

"우리나라가?"

"그래, 우리나라가 금속활자를 제일 먼저 발명했고, 그 이후에 독일로 기술이 전해졌다고 알려져. 우리나라의 최초의 금속활자 인쇄본 '백운화상초록불조직지심체요절' 줄여서 보통은 직지라고 부르는데 정말 획기적인 발명이지."

"와! 이름 엄청 길다. 근데, 그게 왜 중요해?"

순간 마시고 있던 커피를 뿜을 뻔했다. 저번 절에서도 그렇고 아이들은 궁금함을 이런식으로 표현하나 보다.

"커헙! 그래그래, 그럴 수 있지. 활자라는 건이 얼마나 대단한 것인지 설명해 줄게. 자, 역사 이야기 시작이다!"

"오케이, 나 들을 준비 되었어."

박물관을 걸으며, 나는 활자의 발명에 관하여 이야기하기 시작했다.

"일단 아빠가 아까 말한 데로 최초의 금속활자는 우리나라가 만든 것이 맞아. 한때는 독일의 구텐베르크가 금속활자를 만든 최초의 사람이라고 이야기하여 서로 누가 먼저 만들었는가를 다투기도 하였지만, 공식적으로 우리나라의 직지가 약 80년 정도 먼저 만들었다고 확인되었어."

"이야, 우리나라가 엄청 일찍 만들었네?"

"응. 우리나라의 위대한 발명품이지. 먼저 이 활자를 만드는 과정을 한 번 보면 음… 아! 여기 있네. 여기에 쓰인 것처럼 먼저 양초 같은 밀랍으로 글자를 새겨 넣고 거푸집에 설치한 다음 쇳물을 부어서 만들어내지. 이걸 다 만들고 나면 꼭 나무에서 열매가 열린 것처럼 글자들이 주렁주렁 매달리게 된단다."

"와! 이건 신기하다."

"그렇지? 이렇게 만들어진 금속활자를 순서대로 배치해 놓고 먹을 발라서 딱 찍어내면 책의 1페이지가 완성되는 거지. 수천 수만 장도 막 찍어낼 수 있겠지?"

"응, 꼭 복사기처럼."

"그렇지, 그런데 중요한 것은 이 편하고 좋은 것을 우리는 발달 시키지 못했고 사용하지 못했어."

"응? 왜?"

"그래, 바로 그게 문제야. 당시 우리는 고려 시대였고, 고려 시대에는 귀족들이 정권을 장악하고 있었지. 그런데 이런 활자의 기술을 보고 뭐라고 생각했을까?"

"와, 엄청 좋은 거네, 이걸로 책 만들자?"

"과연, 그럴까? 당시에는 책을 일일이 써야 했어. 책을 쓰려면 공부도 많이 해야 하고 글씨체도 예뻐야 했지. 그렇게 공부를 많이 한 사람이 한 자 한 자 옮겨서 책을 엮어내면 그 책은 비싸겠지? 그러다 보니 백성들은 책을 사보지 못했어. 책이 비싸니까 글자를 배우고 읽을 수 없으며, 책을 사서 보는 것은 주로 귀족들만 할 수 있는 일이었어. 그런데, 이거 뭐야? 딱딱 찍어내기만 하면 책이 뚝딱 완성되니 책값이 싸지겠지? 누구나 책을 한 번쯤 읽어 볼 수도 있지 않겠어? 그럼, 사람들은 책을 사서 볼 수 있을 것이고 공부를 하다 보면 사람은 생각을 많이 할 수 있겠지? 그럼 백성들은 귀족들의 말을 의심하고 안 들을 것으로 생각했지."

"말도 안 돼. 그렇게 생각하는 사람들이 어딨어?"

"그래, 말도 안 되지. 근데 그때의 귀족들은 그렇게 생각했고 백성들이 책을 못 읽게 막았지. 참 어이없는 일이지. 그리고 우리나라의 활자 기술은 빛을 발하지 못해. 아닌 거의 매장되다시피 아무도 그 기술을 모르는 상태로 묻히게 돼."

"와, 진짜 어이없다."

딸은 뭐 그런 일이 있냐고 방방 뛰었다.

"그런데, 독일의 구텐베르크는 달랐어. 비록 한참 후에 이 기술을 알게 되었지만, 대량생산체계를 만들어서 성경을 찍어낸단다. 물론 독일도 이를 유연하게 받아들인 것은 아니지만 우리나라만큼은 아니었고 독일의 활자 기술은 엄청난 발전을 가져오게 되지."

"활자 기술이 어떠한 발전을 가져오는데?"

"책이 비싸서 못 사서 보던 사람 중에 아주 뛰어난 사람들도 있겠지? 그 사람들이 지식을 가지기 시작하면서 새로운 발명품들이 생기겠지. 그리고 책이 대량으로 생산되면서 더욱 쉽게 지식을 전파함으로써 하나의 기술에 멈추는 것이 아니라 기술을 발전시키는 계기가 되는 거지. 많은 사람이 아는 지식은 그 발전 속도가 빠르니까. 서양이 동양보다 빠르게 발전하게 되는 결과가 거기에 있는 것이지. 만약 우리나라에서 이 기술을 발전시켰다면 동양이 오히려 서양을 삼켰을 수도 있었을 거야. 역사는 완전히 바뀌었겠지. 우리나라는 그러한 위대한 발명을 하고서도 당시 귀족들의 잘못된 생각으로 전혀 발달하지 못하는 어이없는 결과를 가져오게 되지."

"하, 정말 짜증 나."

"기득권이라는 그늘 아래 우리나라 전체의 발전을 저해한 아주 좋지 않은 사건이라고 볼 수 있지. 게다가 우리의 직지심체요절 역시 우리나라에는 없어."

"그럼?"

"프랑스에 있어. 어찌어찌 우리나라의 중요 문화재가 외국에 전시된 것만 하더라도 70,000점이 넘어."

"왜 우리 건데 다 밖에 있는 거야?"

"힘이 약했기 때문이지. 이리저리 외국의 힘센 나라들이 들어와서 중요 문화재 그리고 우리나라의 소중한 것들을 자기네 나라로 가지고 가버린 거란다. 우리 이거 다 받아와야 해."

"당연하지. 다 받아와야지."

"나중에 서안이가 커서 다 받아와."

"그래, 내가 다 받아 올 꺼야. 근데 왜 안 주는 거야?"

"그래, 그것도 서안이가 물어봐 왜 우리 건데 안 주느냐고!"

"알았어!"

나의 딸이 조금 더 성장하여 정치적인 문제를 이해하게 되면 다시 알려줄 것으로 생각하며, 한편으로 우리의 문화재들이 조속히 고국으로 돌아올 수 있는 희망을 품어보게 되었다.

장군들이 불쌍해

딸아이에게 이런저런 역사를 이야기 해주다가 보면 참으로 설명하기는 부끄럽거나 이런 역사를 어떻게 설명해주는 게 좋을까 하는 부분이 있다. 무신정권에 대한 역사 역시 이를 어떻게 설명하면 거부감 없이 편하게 받아들일까 생각되는 역사 중 하나이다. 아무래도 피바람이 일어난 정국을 조금은 유화해서 설명하고 아이의 정서적인 부분 역시 고려되어야 할 부분이기 때문이다. 이번 역사 설명은 필자가 많이 유화시켜서 설명을 하므로 혹 역사에 대한 잘못된 판단이 있더라도 설명을 하기 위한 부분이니 독자 역시 이를 이해해주길 바란다.

"아빠, 저거 사줘."

"뭐?"

고개를 돌린 쪽에는 장난감을 팔고 있었고, 그중에 멋지게 생긴 장난감 칼을 가리키며 딸아이는 말했다.

"에이~ 저건 여자아이가……."

말하려던 나를 아내가 제지하며 고개를 절레절레 흔들었다. 여자아이, 남자아이의 성을 가르지 말라는 아내의 표시였다.

"왜 가지고 싶어?"

"아빠랑 놀려고 하하."

"그래. 그럼 특별히 오늘 하나 사준다."

마트에서 장난감 칼을 얻은 딸은 집으로 돌아와 열심히 휘두르며 놀았다. 한참을 딸과 놀아주던 나는 딸에게 물었다.

"딸, 아빠가 이야기해준 역사 중에 제일 재미있었던 부분이 있어?"

"음, 거란전쟁 강감찬 장군? 음, 삼국통일 이야기? 근데 다 재미있어."

"오! 많이 기억하고 있네! 똑똑하다. 근데 너는 신하들이라고 하면 어떤 사람들이 생각나?"

"음, 수염 있고 머리에 관 쓰고 음…. 할아버지? 공부하고 하는?"

"그래, 보통은 그런 사람들을 떠올리지? 그런데 칼을 든 장군들이 그런 신하가 된 적이 있었어. 그리고 정권을 잡았지."

"정권이 뭔데?"

"권력. 즉, 나라를 좌지우지할 수 있을 정도의 힘을 이야기하는 거지. 보통은 서안이가 앞서서 말한 그런 할아버지들이 정권을 잡는데, 장군들이 힘으로 정권을 잡은 이야기지."

"진짜? 장군들이? 아빠가 이야기한 거에는 유명한 장군들이 많긴 한데 거의 다 전쟁에서 싸우는 사람들뿐이었는데?"

"그렇지. 근데 장군들이 정권을 약 100년간 잡은 적이 있었어. 이자겸과 묘청이 물러나고 나서 장군들이 정권을 잡은 이야기. 이 역사를 무신 정권 시대라고 한단다. 그야말로 힘의 논리로 나라를 다스리던 때지."

"뭔가 무시무시해."

"한번 들어볼래? 들어보면 너도 왜 무신들이 정권을 잡았는지 알게는 될 거야."

"아직 이야기 안 하고 있었어?"

딸은 들고 있던 장난감 칼을 내려놓고는 우유를 들고 내 앞에 자리 잡고 앉았다.

"자, 그럼 시작해 볼까? 고려라는 나라는 문! 즉, 유교를 바탕으로 학문을 연구하고 군자의 도리를 찾는 문인들이 정권을 잡고 있었어. 그게 고려의 나라를 다스리는 방법이었으니까. 반면에 칼을 잡고 나라를 지키는 무인 무술을 연마하는 사람들을 천하게 여겼어."

"말도 안 된다. 결국, 전쟁 나면 그 사람들이 나라를 지키는데."

"그렇지, 그런데 그 시대상이 그렇다는 거야. 문을 숭상하고 무를 천하게 여기는 사상이 스며들 때지. 사실 고려는 고구려의 기상을 이은 나라라고 하는데, 고구려의 무를 숭상하는 모습이 잘 나오지는 않아. 안타까운 부분이지. 그게 유교라는 사상으로 나라를 다스렸기 때문이기도 해."

"그럼, 전쟁 나면 나라를 지키고도 대접을 못 받는 거네."

"그렇지. 그러니까 장군들이 평소에 화가 나지 않을까?"

"나라도 화날 것 같아."

"그렇지. 게다가 문신들이 이유 없이 무신들을 깔보거나 놀려대기까지 했어. 한번은 김부식의 아들 김돈중이 아무 이유 없이 정중부라는 무신의 수염을 불로 태워 버렸어. 화가 난 정중부는 그 자리에서 김돈중을 두드려 팼지. 그런데 그때 김부식은 왕에게 고자질해서 정중부를 혼쭐나게 했지."

"아니, 먼저 잘못한 것은 김돈중이잖아."

"그뿐만 아니지. 왕이 신하들과 함께 소풍을 간 거야. 그런데 심심하니까 무신들끼리 수박이라는 씨름을 해보라고 시켰지. 뭐 무신들이야 원래 자주 하는 것이니까 거기까지는 괜찮아. 그런데 늙은 대장군 이소응과 젊은 장수가 붙은 거지. 이소응이 대장군이라고는 해도 어떻게 힘으로 젊은이를 이길 수 있겠어. 그러다 보니 이소응이 등을 돌려 씨름을 피하고 말지. 그것을 본 한뢰라는 무신이 벌떡 일어나서는 이소응의 뺨을 때려 버렸어. 그 모습을 보고 문신들과 임금은 배를 잡고 깔깔대며 웃어댔지. 사실 한뢰와 이소응의 관직의 차이도 엄청 났거든."

"누가 높은 건데? 한뢰?"

"아니, 이소응이 훨씬 높지."

"근데 뺨을 어떻게 때려."

"그 정도로 차별을 받았던 거야."

"좀 심하네. 무신들이 가만히 있어?"

"자, 이제 반전 시작이지. 들어봐. 이러한 차별로 인하여 울분을 삼키던 정중부와 이고, 이의방은 그날 밤 궁으로 잠입하여 기다리고 있다가 관을 쓴 문신들은 모조리 잡아들여. 그날 밤 수많은 문신은 죽거나 쫓겨나고 왕은 사로잡혀서 거제도로 귀양을 가게 된단다. 그리고 정중부는 의종의 동생 명종을 왕으로 세우고 정권을 잡지."

"오, 속 시원한데?"

"그렇지? 아빠도 처음에는 이 부분에서 속이 시원했어. 그런데 문제는 그 뒤에 이어지지. 힘으로서 빼앗은 정권이다 보니 당연히 또 힘으로 빼앗기게 되고 서로 죽고 죽이는 권력욕만 앞서서 백성들의 삶은 날로 궁핍해졌어. 단순히 그 정도로 속 시원하게 하고 끝이 났으면 좋겠지만 그 일로 하여금 약 100년 동안 무신들이 정권을 잡으면서 고려는 정말 힘든 시기를 걷게 된단다."

"그럼, 왕은?"

"당연히 허수아비지. 말 한마디 잘못하면 무신들이 가만히 있겠어?"

"그렇구나, 그럼 정중부가 계속 오래 살았던 거야?"

"아니, 이제 그 이야기를 시작해 보려고 무신정권은 이의방을 시작으로 정중부, 경대승, 이의민, 최충헌, 최우, 최항, 최의 김인준 임연, 임유무까지 총 11명에 걸쳐서 정권을 100년간 장악하게 되지. 최초 정중부와 이의방 등은 같이 정권을 쥐고 있었다가 정중부가 욕심을 가지기 시작하면서 이의방을 몰아냈어. 그러다가 정중부는 자신이 키운 경대승이란 자에게 9년 만에 죽임을 당하고 권력을 잃게 되지. 그리고 경대승은 4년 만에 병으로 죽고 그 뒤를 천민출신 이의민이 정권을 장악한단다. 이의민은 13년 동안 정권을 쥐었으나 최충헌에게 또다시 죽임을 당하고 말지. 그 이후로 최 씨 정권이 60년 동안 정권을 유지한단다."

"잠깐만 아빠 다른 사람들은 이해가 가는데 천민 출신인 이의민이란 사람은 어떻게 된 거야?"

"이의민은 사실 정중부의 밑에 있던 자로 원래 천민 출신의 힘이 센 이름하여 잡배건달출신이야. 지금으로 이야기하면 그냥 깡패지. 그런데 키가 워낙 크고 몸이 커서 정중부가 본인 밑에서 한자리 주고 말 안 듣는 애들 혼내는 사람이었지. 그런데 정중부가 난을 일으킬 때 가담하여 장군에 자리에 오르게 되었지. 그리고 기회를 엿보고 있다가 경대승이 죽자 얼른 정권을 가져 왔지."

"대단하다. 천민 출신인데."

"그래, 어떻게 보면 대단하다고 볼 수 있지. 그런데 이런 천민 출신이다 보니 하는 짓이 아주 가관이야. 게다가 집안의 모든 사람이 다 성격이 좋지 않아. 그의 아들 두 명은 쌍도자라고 하여 사람들은 미치광이 취급을 하였단다. 이런 꼴을 보다 못하여 이의민 일가를 몰아낸 사람이 최충헌이야. 아주 무시무시한 사람이지."

"사람들을 많이 괴롭혔구나?"

"그래, 잡배 출신답게 글자 한 자 모르고 자기 마음 내키는 데로 두드려 패고 뺏고 그랬지. 어쨌든 최충헌을 시작으로 그의 아들 또 그의 아들 4내에 이르는 최 씨 정권의 60년 통치가 이루어진단다. 이 속에는 어떠한 정치적인 요소가 있고 또 어떠한 행정적인 조치가 있었는지 설명하면 우리 서안이가 너무 지겨워할 테니까 그런 것은 두고 다른 것을 이야기해 줄게.

"맞아. 아빠 그런 이야기 하면 너무 지겹더라."

"그래. 중요한 것만 알려 줄게. 첫째, 무신정권에서 보면 아까 이의민처럼 천민이 권력을 잡기도 하였어. 천민이 권력을 잡다 보니 백성들 사이에서도 우리도 권력을 잡아보자 하는 사람들이 나타났어. 그게 바로 망이, 망소이의 난, 만적의 난 등이야. 최초로 백성 중에서도 가장 천했던 천민 노비 등이 난을 일으키는 계기가 되지.”

“오, 그건 좀 멋있어 보여. 우리도 할 수 있겠다. 생각한 거구나.”

“맞아. 이후에 이어질 이야기들이지. 둘째, 무신정권은 백성들을 매우 힘들게 했어. 특히 토지를 권력자들이 마음대로 가지고 가면서 농민들은 이중 삼중으로 수탈을 당했어. 농사를 지으면 국가에다가 내는 세금, 귀족들에게 내는 세금, 그거 못 내면 땅을 빼앗기거나 길거리로 내몰렸어.”

“나쁜 놈들.”

“또 무신들이 자기네 사병을 가지고 농장을 운영하다 보니 국가는 세금이 줄었지. 백성들이 국가보다 무신들을 무서워하니 그쪽에다가 세금을 낼 테니까. 또 자기 직속 병사들만 만드니 군대가 없고, 국가는 힘도 없어지고 날이 갈수록 가난해졌어.”

“와, 진짜 제대로 되는 게 하나도 없네.”

“그렇지? 그러나 딱 한 가지 무신정권에서 좋았던 점이라고 하면 바로 우리 민족의 주체사상 즉, 우리 민족이 모든 세계의 주인, 우리 민족이 스스로 우리의 삶을 결정하고 우리의 의지로 행동한다는 정신이 강해지는 현상은 생기게 돼. 아무래도 무신들이다 보니 그랬을 거야. 하지만 이것이 바로 세계최강의 전투력을 가진 몽골에 마지막까지 무너지지 않았던 고려의 버팀목이 되었던 것은 확실해.”

“몽골? 잘 모르겠지만 무신들이 그렇게 좋게는 안 보여.”

"그렇지, 이 사건들은 고려역사에 매우 중요한 전환점을 맞이하는 순간이란다. 무신정권을 기준으로 고려를 전기, 후기로 나누기도 할 만큼 아주 중요하지. 이 이후 만적의 난, 몽골 전쟁도 이어지는 이야기 들인데, 어쨌든 오늘은 여기까지만 하자 무신정권 이야기하니 아빠도 머리가 띵하다."

"나도."

우리는 벌러덩 누워 대자로 뻗은 다음 서로를 바라보며 웃었다. 역사라는 것을 이야기처럼 풀어나가는 것이 생각보다 어렵다는 것을 느꼈고, 한편으로는 딸아이가 잘 이해하고 있을지 걱정도 되는 부분이었다. 하지만 중요한 것은 딸아이가 많은 것을 알아가고 있다는 것에 대하여 더없는 행복이 느껴졌다.

불쌍한 노비들

우리는 충남 예산 쪽으로 향하고 있었다. 내가 가장 좋아하는 예당지가 있고 예산 쪽에는 옛 추억들이 많은 장소라 오랜만에 휴가를 받은 나는 가족들을 설득하여 떠나기로 하였다. 한참을 달리던 중 딸아이가 물었다.

"가야사가 뭐야?"

"가야의 역사지?"

"아니, 그거 말고 가야사라고 푯말이 있는데?"

"그래? 그게 뭐지? 근데 그건 왜 물어?"

"가야는 김해인데 여기는 김해 아닌데 가야라고 적혀 있어서."

순간 머릿속을 스쳐 가는 이름이 하나 있었다. '망이·망소이'

"아, 여기 예산이 망이·망소이의 난이 일어났던 곳이지. 참."

"응? 그게 뭐야?"

"저번에 무신정권 시대를 설명하면서 노예들이 반란을 일으킨 이야기가 있다고 했잖아. 그중에 가장 유명한 난이 망이·망소이의 난과 만적의 난이야. 두 개 다 유명한 이야기지."

"그럼, 여기에서 난이 일어난 거야?"

"응, 그렇지, 망이, 망소이 난이 이곳 예산에서 일어났지."

"그래서? 왜 '시작해볼까?' 안 물어봐?"

딸아이는 나를 흉내 내며 이야기했다.

"그래, 그럼 시작해볼까?"

"그래, 아빠."

딸아이는 키득키득 웃으며 말했다.

"무신정권 시대에 천민출신 이의민이란 사람 기억하지? 그 사람이 천민 출신이다 보니 다른 천민 출신의 사람들도 권력을 잡을 수 있지 않을까 하는 생각이 들었어. 게다가 무신정권이 들어서면서 백성들에게 가해지는 고통이란 어마어마하다 보니, 각지에서 민란이 많이 일어났어."

"민란이 뭐야?"

"응, 민란이라는 것은 민중 그러니까 백성들이 난을 일으키는 거야 국가에 저항해서 이렇게는 못 살겠다. 국가에서 대책을 마련하라라고 요구하는 거지. 그 방법이 농민들이 낫과 곡괭이를 들고 관청을 쳐들어간다든지 하면 민란이라고 표현해."

"그렇다고 쳐들어가면 안 되잖아."

"살 수가 없으니까 그렇지. 하루에 한 끼도 제대로 못 먹는데 세금을 꼬

박꼬박 내라고 하고 안 내면 때리고 했어. 그러다가 아버지를 잃고 어머니를 잃고 주위에 이웃들도 굶어 죽는 일이 허다하니, 민란이 일어날 수밖에."

"아무튼, 저번부터 생각했지만, 무신정권 안 좋아."

"하하, 아무튼 그렇게 민란이 자주 일어나는 가운데 이곳 예산에서 일어난 민중의 난이 바로 망이 망소이의 난이란다. 망이 망소이의 난은 이들은 삶이 힘들어서 일어난 사건이야. 고려 시대에는 궁궐로 숯이나 종이들을 만들어서 보내는 곳이 있었는데. 그곳을 '소'라고 했어. 이 소에 사는 공예꾼들 에게 세금을 과도하게 내라고 요구하고 일반 백성들과 다르게 차별을 심하게 했지."

"또! 또! 세금이다."

"맞아. 과도한 세금에 백성들보다 못한 대우. 보다 못한 망이와 망소이는 민란을 일으킨단다. 처음에는 망이·망소이의 난이 잘 진행되었어. 정부도 곡식을 주고 달래주었어. 망이 망소이는 민란을 그만두었으나 나라에서는 약속을 어기고 이들을 가족을 가두어 버리면서 재차 민란이 일어나게 돼. 망이와 망소이는 정부군에게 패하면서 난은 진압되고 실패로 돌아가게 되지."

"뭔가 안타까워."

"왜 안타까워? 너 말대로 국가에 대든 거잖아."

"그렇긴 하지만, 사는 게 힘들어서 그랬다며. 굶어 죽는 사람도 많았다며 옛날에는."

"맞아, 예전에는 천민을 정말 개돼지만도 못하게 다루었고 굶어 죽는 사람들도 많았지. 그런 의미에서 이 망이 망소이의 난은 천만 신분을 벗어나고자 하는 신분 해방운동과 삶의 질을 높이고자 하는 욕구가 어울려진 것이었어. 이때부터 시작된 신분 해방운동이 아주 조금씩 발달하기 시작하면서 지금처럼 신분이란 것이 없는 사회가 된 것이라고 볼 수 있지. 그런 의미에서 이러한 백성들의 민란은 아주 중요한 의미를 부여할 수 있어."

"그럼, 만적이라는 사람은?"

"음, 만적의 난은 망이, 망소이와는 또 다른 내용이야. 만적의 난은 전형적으로 신분을 없애고 권력을 잡아보고자 하는 욕심에서 비롯된 난이라고 볼 수 있어. 먹고 사는 데는 크게 문제가 없었지. 원래 만적은 고려 시대 집권자 최충헌의 노비야. 만적은 주로 나무를 해오는 일을 맡고 있었는데 그러다 보니 자연스럽게 다른 노비들과 자주 만나게 되었지. 그러다 보니 만적이 다른 노비들의 생활을 들어보니 어이가 없었던 거야. 그리고 이런저런 소식을 듣다 보니 우리라고 권력을 못 잡을 이유가 없다고 생각했지."

"그래. 그 이의민인가 하는 사람도 대장 했잖아."

"그렇지. 그렇게 생각한 만적은 노비들을 모아놓고 연설을 했어. '무신정변 이후 천한 무리 중 높은 관직에 올라가는 경우가 많은데 장군과 재상의 종자가 어찌 따로 있겠는가? 때가 되면 누구나 할 수 있을 것이다. 그런데 왜 우리는 고달프게 일만 하면서 채찍 아래 고통을 당하고만 있을 것이냐? 나와 함께 바꾸어 보자!' 라고 소리쳤어."

"와, 멋있다."

"응, 멋있지. 만적은 난을 일으키기 위하여 조직을 구성하고 작전을 세웠어. 각자의 주인을 죽이고 노비 문서를 불태운 다음 궁궐로 몰려가 궁궐에 있는 관의 노비들과 함께 궁궐을 장악하고자 했지. 그러나 약속한 날짜에 노비들이 얼마 나오지 않아."

"왜?"

"글쎄, 서안이 생각에 어때? 혹시 하다가 잡히면 모두 죽는데 섣불리 할 수 있을까?"

"음, 나도 무서울 것 같아."

"맞아. 섣불리 나서지 못하지, 만적은 일정을 바꾸고 다시 모이기로 했지. 그 기간 내에 노비들을 다시 설득하려고 했을 거야. 그런데 순정이라는 노비가 자신의 주인에게 그냥 다 고자질 해버려. 소식을 들은 최충헌은 군사들을 이끌고 가서 만적을 포함하여 수십 명을 잡아버린단다. 결국, 이 민란도 실패로 돌아갔지."

"이건 시작도 하기 전에 끝났네?"

"그렇지, 하지만 만적의 난은 민란을 위하여 처음으로 조직을 구성했고 또 노비신 분이었던 만적이 신분의 해방에 관한 생각을 확실히 가졌다는 것에 대하여 나중에 나타나는 민란에 큰 영향을 주는 사건이 된단다."

"아, 모두 모두 안타깝다."

"그렇지? 그러나 이런 민란은 그때의 시대상을 잘 보여주는 사건들이고 또한 이렇게 일어난 신분 해방운동들이 결국 이 세계에 신분이 없어지는 결과를 가져오는 데 큰 역할을 한다는데 대하여 중요하게 생각할 내용이지."

"우리는 노비였어?"

"전에도 말했지만, 지금은 그런 게 없어. 능력이 중요하고 현재가 중요
한 거지. 그러니까 우리 딸도 본인이 행복해하면서 즐길 수 있고 잘하는
일을 찾아봐."

"그래도 노비 아니고 싶다. 너무 힘들었을 거 같아."

"그렇게 느낀다면 우리 서안이가 잘 생각하고 있는 거야. 자, 이제 낚시
하러 가자!"

"오예!"

옆에 앉아 있던 아내가 나를 향해 슬쩍 미소 지어주는 것을 보니 내가
설명하는 것들이 아이에게 좋은 영향을 주고 있는 것 같았다. 현재의 사
회는 신분이 없다. 하지만 그러한 이유로 더욱더 본인의 능력을 갈고닦
아야 한다. 나의 딸이 이 힘난한 세상을 조금이라도 수월하게 살기 위하
여 여러 가지 지식과 길을 알려주는 것이 나의 사명이라고 느껴졌다.

칭기즈칸

"아빠, 책에서 배웠는데 칭기즈칸이라는 사람이 세계에서 가장 넓은 나라를 만들었었데, 알고 있었어?"

"응, 알고 있었어. 예전에 아빠 말 타는 사진 생각나? 그 사진에 나온 곳이 바로 칭기즈칸의 나라 몽골이지."

"그래? 근데 지금은 그렇게 넓은 나라가 아니네?"

"그렇지. 그 이후에 많은 나라가 다시 나라를 되찾았지. 그 당시의 칭기즈칸은 정말 대단했어. 그의 발길이 닿은 곳은 바로 정복되었고 칭기즈칸을 막을 수 있는 곳은 어디도 없었지. 단 한 나라만 제외하고."

"어딘데?"

"바로 고려! 우리나라지. 몽골은 우리나라를 계속 쳐들어왔고 정복하려고 하였지만, 정복은 하지 못했어. 결국, 우리나라도 그의 나라의 간섭을 받긴 하였지만, 완전히 정복당한 것은 아니야. 우리나라는 약 30년 동안 몽골에 저항했단다. 전 세계에서 유례없는 일이었지. 하지만 그 이후에 우리는 몽골 즉, 원이라는 제국에 대하여 간섭을 받게 된단다. 이 시기를 원 간섭기라고 하지."

잠시 생각 중이던 딸은 아무 말도 하지 않고 있는 나에게 다시 물었다.

"왜 더 이야기 안 해줘?"

"아, 아빠가 여기서 아빠 좋아하는 책을 더 읽을까 아니면 이야기해줄까 고민 중이었어."

"아, 왜 이야기를 하다가 끊어."

"알았어. 이야기 해줄게. 흥분하지 말아."

나는 읽고 있던 소설을 덮고 딸아이 앞에 자리를 고쳐 앉았다.

"음, 때는 무신정권 시대로 한참 나라 안의 백성들이 고달플 때야. 북방의 몽골 부족에는 테무친이라는 영웅이 나타나 유목민이었던 부족들을 하나로 모으고 마침내 정복 전쟁을 시작한단다. 이 테무친이라는 사람의 칭호가 '칸'이야. 그래서 칭기스라는 칭호와 함께 왕을 뜻하는 칸을 넣어 칭기즈칸이라고 부르지. 칭기즈칸은 부족을 모으고 금나라 정복을 시작으로 각 나라를 자기 발아래 두기 시작해. 원나라의 군사들은 추위에 강하고 걸음마보다 말을 먼저 탄다는 말이 있을 정도로 기마술에 능했지. 그러한 기동력으로 순식간에 대륙을 쓸어 버린단다. 그리고 마침내 고려에도 침입하지."

"그게 여기 사진에 나와 있는 칭기즈칸의 몽골 군대라고 하는구나."

"맞아. 그러던 어느 날 몽골의 사신인 저고여가 고려를 방문하게 돼. 물론 목적은 친하게 지내자고 하는 것이 아니라 협박을 하기 위해서지. 그런데 저고여가 몽골로 돌아가던 중 무슨 일이 있었는지 죽고 말아. 이를 빌미로 원은 고려를 1차 침입한단다."

"그게 고려 짓인 줄 어떻게 알고?"

"늘 그렇듯이 핑계지. 하지만 고려가 만만한 상대는 아니었어. 귀주성에서 박서장군의 부대에 제지당하면서 그냥 서로 친하게 지내자는 강화조약만 맺고 돌아갔지. 그런데 그 이후 원은 사신을 계속 파견하면서 공물을 내놓으라는 협박을 지속해서 하였지. 당시 집권자였던 최우는 몽골 황제에게 너무 심한 것 아니냐며 진정서를 보냈는데, 그 사신이 황제에게 도착하기도 전에 원의 대장이 이를 보고 분노하여 우리 측 사신을 매질하여 죽게 하는 참상이 벌어졌어. 그리고는 곧바로 군사를 이끌고 다시 우리나라를 침공한단다."

"그만큼 몽골군이 강력했던 거야?"

"나중에 아빠가 지도를 보여 줄 건데, 그때 당시의 몽골군을 이길 수 있는 나라는 없었다고 봐야겠지."

"전 세계에?"

"그래, 사람들은 위대한 제국 몽골이라고 하지. 어쨌든 이야기를 계속해보면, 최우는 몽골군이 수상 전에 약하다고 생각해서 왕에게 강화도로 궁궐을 이사 가자고 이야기한단다. 결국, 왕은 강화도로 이사를 하게 되고 그사이 몽골군은 우리나라의 대구 울산 등 경상도 지방을 짓밟고 마구잡이로 사람들을 잡아가지."

"왕들은 보면 주로 도망가더라."

"왕이 잡히면 끝나니까. 도망가는 게 상책 아니겠어? 몽골은 특징이 무조건 왕만 잡아서 전쟁을 끝내거든. 그러니까 빨리 도망가야지. 하지만 우리도 강화도 앞에 있는 처인성에서 우리나라는 반격을 준비한단다. 사실 이야기하자면 정부 군대는 강화도에 꼭꼭 숨어 있고 싸운 사람들은 낫과 곡괭이를 든 백성들이었어. 그 대장이 바로 김윤후라는 사람이란다. 몽골이 왕만 잡는다고 했지?

"응."

"그럼 우리도 왕만 잡아야지. 김윤후는 이를 노리고 적의 대장을 잡기로 마음먹었어. 그리고 마침내 아무런 준비 없이 쉬면서 막사 밖으로 나오던 대장 살리타를 활로 쏘아 적장을 죽이지. 그리고 백성군대는 한꺼번에 튀어나와 몽골 군대를 박살 내버린단다. 고려의 통쾌한 승리였지."

"역시 우리나라가 최고야!"

"그렇지. 대단한 승리지. 하지만 그 뒤에도 몽골군은 다시 우리나라로 쳐들어와. 우리나라는 불교의 힘으로 몽골을 물리친다고 하여 대대적인 목판 인쇄 작업을 시작해. 그 목판 작업이 바로 팔만대장경이야."

"잠깐만, 근데 나가서 싸우는 게 아니라 왜 목판을 제작해?"

"불교의 힘을 빌려 나라를 지킨다고 하는 명목이고, 또 예전 거란과 전쟁 당시 대장경을 만들자 거란이 물러났던 적이 있었거든. 그러니까 다시 대장경을 만들면 몽골이 물러난다고 생각도 했지."

"그래도 무슨 싸우지는 않고 목판을 제작해."

"사실은 가장 큰 이유는 백성들이 몽골에 투항하는 데 있었을 거야. 너무 많은 백성이 몽골에 잡혀가기도 하고 항복해 버리니까. 백성들을 하나로 똘똘 뭉치게 하기 위한 목적이 있었겠지. 그때 집권자였던 최우는 이 목판 사업을 통하여 자신의 권력 집권을 권고히 하고 백성들이 더 이상 이탈하지 않게 달래려는 심산이 큰 거야."

"한심한 것 같아."

"한심하다고 생각될 수는 있으나 이 팔만대장경의 문화재만큼은 그렇다고 볼 수 없어. 어마어마한 규모이지. 장장 16년에 걸친 조판사업이란다."

"한번 보고 싶다."

"그래 해인사에 보관되어 있으니 그건 아빠랑 보러 가자. 예전에 다큐멘터리에서 봤는데 이 팔만대장경은 정말 어마어마한 규모이고 많은 사람이 동원된 대단한 문화재라고 하더라고. 아빠도 본 적이 없어서 궁금하다."

"나도 궁금해."

"자, 이제 몽골침략도 어느새 막바지에 들어간다. 이렇게 갖은 노력에도 불구하고 결국 식량난과 힘들어하는 백성을 보면서 당시의 고려 왕 고종은 항복을 결심하게 되지."

"결국, 항복한 거네."

"응, 몽골의 칸은 화의의 조건으로 왕을 보내라고 하였으나 왕대신 신안공이라는 친척을 보내지. 그리고 매년 고려는 인질을 보냄으로써 몽골과의 화해하는 것으로 일단락되었단다. 굴욕적이었지. 몽골의 침략은 6차례나 이루어졌고 그러던 중 최 씨의 무신정권 역시 무너졌어. 그리고 우리는 원간섭기 라고 하여 우리나라의 왕자가 원나라에 가 있다가 교육을 받아야지만 고려로 다시 돌아와 왕이 될 수 있는 시대가 도래하지. 이때 왕들의 이름이 충이라는 이름이 앞에 붙는단다. 원나라에 신하로서 예를 다한다는 이름이지. 하지만, 이 이야기는 아직 끝나지 않았단다.”

“응? 아직 뭐가 남았어?”

“응! 삼별초가 남아 있어.”

“삼별초?”

“삼별초는 원래 최씨 집안을 지키던 사병조직을 이야기하는 거야. 원래는 그냥 귀족의 군사였는데 이 삼별초 들이 몽골에 끝까지 저항했어. 이들은 배중손이라는 사람을 중심으로 왕을 세우고 관리를 만들어 강화도에서 반란을 일으켰어. 이들의 목적은 부패한 고려를 무너뜨리고 몽골을 이 땅에서 물러나게 하고자 했지. 이들은 강화도에서 진도로 또 제주도로 옮겨 다니면서 싸웠어. 하지만 고려와 몽골의 연합군에게 패하고 삼별초의 단 한 사람도 살아남지 못해. 마지막 70명 정도가 남았는데 한라산에서 모두 스스로 목숨을 끊었지.”

“안타깝다. 뭔지 모르게 안타까워.”

“음, 그렇지. 이 삼별초의 항쟁은 여러 가지 의미를 가져. 몽골에 대항하여 마지막 4년을 절대 물러서지 않겠다는 대단한 힘을 보여줘. 그들이 그렇게 싸운 이유야 어찌 되었든 간에 민족의 자주성을 드높이는 사건이지. 사실 몽골도 고려라는 조그마한 나라가 이만큼 저항이 강했기 때문에 완전히 정복하기보다는 간섭하는 정도로 마무리를 했다는 소리도 있어.

“정말 우리나라는 대단하구나.”

“자, 그럼 우리 해인사에 가볼 날짜나 궁리해 볼까?”

“앗싸! 놀러 간다.”

로맨티스트

오늘 우리는 오랜만에 가까운 경주로 여행을 갔다. 예전에는 별로 관심을 두지 않았던 딸은 생소한 것을 보는 그것처럼 길가에 즐비한 능을 보며 물었다.

"아빠, 저거는 다 무덤이야?"

"그렇지. 역대 왕들의 무덤이라고 해서 왕릉이라고 하지."

"좀 쓸쓸한 것 같아."

"뭐가?"

"대단한 왕들이 세월이 지나서 저렇게 무덤으로 남아 있는 것을 보면."

"무슨 8살짜리 애가 80살 할머니처럼 이야기하네. 서안아, 당연한 거 아니겠어?"

"당연하긴 하지만 그래도 쓸쓸한 것 같아."

"그래도 보면 왕과 왕비가 나란히 묻혀 있는 왕릉도 있어. 이승에서 사이가 좋았던 왕과 왕비가 죽어서도 저렇게 같이 있는 것 보면 사랑의 힘의 위대해. 안 그래 여보?"

"쓸데없는 이야기 말고 운전에 집중하세요."

아내가 웃으며 나무랐다.

"엄마, 엄마는 다시 태어나면 아빠랑 결혼할 거야?"

"글쎄다. 아빠 하는 거 봐서."

"아빠는?

"섭섭한데? 아빠는 로맨티스트 아니냐 당연히 결혼해야지 영원히 자신의 사랑을 잊지 못하는 공민왕처럼."

"응? 공민왕?"

"그렇지. 이런 반응을 기대했지. 알고 싶지? 고려의 로맨티스트 공민왕."

"자, 시작해볼까요?"

딸이 내 말투를 따라 하면서 말했다.

"둘이 또 시작이네."

아내는 한숨 섞인 웃음을 보였고 딸은 사랑 이야기라고 하니 눈이 반짝였다. 하긴 요즘 한참 만화를 보며 사랑 이야기에 심취해 있던 터였다.

"공민왕, 고려의 제31대 왕이야. 우리나라가 몽골과의 전투에서 지고 원 간섭기가 한창 진행되던 때였지. 아빠가 저번에 원간섭기에 왕이 되려면 어째야 한다고 했지?"

"잘 기억 안 나."

"몽골에 인질로 가 있어야 한다고 했잖아. 거기서 좀 살면서 교육을 받으면 왕이 될 수 있게 해주는 거지."

"아, 맞다."

"그래, 공민왕도 12세 때 원으로 인질로 가지. 가서 이런저런 교육을 받고 21살에 공민왕이 되어 다시 고려로 돌아온단다. 이때 원과 고려는 엉망진창이었어. 원은 중심이었던 칭기즈칸이 죽고 그 후에 칸도 죽자 원래 유목민족의 특성이 그러하듯이 서로 왕이 되겠다고 싸우면서 황제가 계속 바뀌고 있었고 원이 그러다 보니 우리네 왕도 계속 바뀌고 또는 왕으로 되어 있는 사람이 폐위라고 해서 왕자격을 박탈당했다가 또 왕이 되고, 백성은 백성대로 왕권이 약하니 권문세족의 횡포로 인한 노동과 착취로 힘들어지는 시기였지."

"무슨 말인지 모르겠지만 엉망진창인 줄은 알겠다."

"그렇지? 공민왕도 10년간 원에서 살았지만 계속 왕으로 지정받지 못해서 고국으로 돌아가지도 못하고 있었어, 그런데 기회가 온다. 원의 위왕의 딸 노국공주와 결혼을 하게 된 거지. 그리고 왕으로 책봉 받게 돼. 자, 여기서부터 반전이 일어난단다."

"근데 아빠, 그럼 그때는 원에서 우리 왕을 정해 준 거야?"

"좋은 질문이야. 그렇다고 볼 수 있어. 우리 쪽에서 왕을 정해도 원에서 안 돼! 라고 하면 왕을 정하지 못할 때야. 그래서 그 나라의 공주와 결혼하면 왕의 사위가 되겠지? 그럼 왕이 될 수 있지 않을까?"

"그렇겠다. 그건 그렇고 무슨 반전이야?"

"공민왕은 원에서 10년이나 살았기 때문에 원의 사정이 어떤지 잘 알고 있었지. 그러다 보니 원이 곧 무너진다고 생각했어. 각지에서 민란이 일어나고 홍건적이라는 무리가 난리를 피우고, 황제는 계속 바뀌고, 공민왕은 원을 그렇게 무서워하지 않았지. '지금 우리가 무슨 일을 해도 원은 쉽게 고려를 침공하지 못한다.' 속으로 그런 생각을 했던 것이지."

"우와, 똑똑한 사람들은 그런 것을 잘 생각하는 것 같아."

"맞아. 세계가 흐르고 있는 흐름을 잘 읽는 거지. 고려로 돌아온 공민왕은 돌아오자마자 원나라의 옷을 벗어 던지고 머리를 풀어헤치며 개혁을 선언했어. '우리는 자주민 고려이다. 고구려의 자랑스러운 기상을 이어받은 우리는 더는 원의 풍습을 따르지 않는다!' 또한, 군사를 일으켜 쌍성총관부라고 하는 원이 설치한 지역을 우리 땅으로 만들고 그들이 감시하지 못하게 했어. 이로써 우리나라의 영토를 되찾고 몽골의 풍습을 없애는 데 성공했단다."

"와! 멋있다."

"그런데 말이야. 공민왕이 살던 시대를 보면 그렇게 드라마 같아. 너 우리나라의 여자가 원의 왕후가 되었던 사실을 알고 있어?"

"응? 우리나라 여자가 몽골의 왕비?"

"응, 바로 기왕후라고 하는 여성이지. 대단한 여성이지. 고려에서 공녀 즉 원에 바치는 여자로 가서 황제에 눈에 띄면서 왕후가 된 고려판 신데렐라라고 볼 수 있지."

"그럼 엄청 이뻤겠다."

"물론, 미모도 한몫했겠지? 그런데, 아빠는 기황후를 그렇게 높게 보지 않아."

"왜?"

"예전에 일제 침략기 시절의 친일파가 있듯이 이때도 친원파가 있었어. 원나라에 빌붙어서 우리나라 백성들의 고혈을 빨아먹는 놈들. 그놈들 이름이 기식,기철,기원,기주,기륜등 다 생각은 안 나는데, 기철 일당들이지. 여동생을 등에 업고 아주 마음대로 권력을 휘둘렀지. 이들 말고도 친원파가 여럿 있었는데, 공민왕은 이들을 정리할 필요가 있었지."

"뭔가 무시무시한 사건이 나올 것 같아."

"응. 공민왕은 왕을 무시하는 이들을 연회를 베푼다면서 모두 모아서 한 번에 몰살시켜 버린단다. 친원 세력을 한방에 정리하는데."

"잠깐만, 너무 잔인한 거 아니야?"

"끝까지 들어봐, 그들의 아들을 백성들이 보는 앞에서 공개처형 했어. 백성 중에는 그의 죽음을 슬퍼하는 사람이 단 한 사람도 없었데. 오히려 욕을 했다고 하지. 그들이 얼마나 백성들을 괴롭혔는지 알겠지?"

"그래도 좀 잔인하긴 하다."

"역사에 이런 일은 많지. 자 어쨌든 이렇게 일이 일사천리로 진행되면 얼마나 좋아?"

"여동생이 가만히 있었어?"

"아니지, 원의 기왕후는 화가 나서 황제에게 공민왕을 폐위하라고 설득하지. 그리고 기왕후는 최유라는 자를 시켜 원의 1만 군대를 파견하여 고려를 침공한단다. 이에 공민왕은 최영 장군과 이성계에게 1만의 정예병을 내어 주며 막으라고 했지. 이때 등장한 인물이 최영 장군과 이성계

장군이지. 나중에 아주 중요한 인물들이니 잘 기억해둬. 이 최영 장군이 나섰다는 말만 듣고 최유는 도망가 버려. 그리고 원나라 황제는 지금 전쟁을 할 수 있는 여력이 없자 그냥 왕으로 인정한다고 사이좋게 지내자고 해. 지금 원나라는 힘이 없다는 생각을 한 공민왕이 맞았던 거지."

"오, 시대의 흐름~"

"맞아. 자, 여기서 노국공주의 이야기가 나와야지. 공민왕이 왜 로맨티스트인지 알아야 할 것 아니야? 공민왕과 결혼한 노국공주는 자신의 나라를 버릴 정도로 공민왕을 사랑했어. 공민왕 역시 노국공주를 끔찍이 사랑했어. 공민왕은 노국공주에게 고려로 오기 전에 이제 당신의 나라 원과는 적이 될 수 있다고 말했지. 노국공주는 그것을 알고도 공민왕을 따라나섰던 거야."

"엄청나게 사랑했나 보다."

"응. 한 가지 유명한 일화가 있는데, 기왕후가 공민왕을 죽이기 위하여 50명의 자객을 보낸 일이 있었어. 원나라 무사들이 오자 왕을 지키던 무사들도 모두 도망갔는데, 노국공주가 그 앞을 막아서며 나의 남편을 죽이려거든 나를 죽이라고 했지. 자객들이라도 원의 공주를 죽일 수 없자 모두 물러갔어."

"우와! 멋있다! 노국공주."

"하지만 역사는 희극만을 만들지는 않는단다. 이후에 노국공주가 아이를 낳다가 세상을 떠나게 돼. 공민왕은 모든 것을 놓고 아무것도 하지 않은 채 노국공주의 초상만 끌어안고 밤새 울기만 했다는구나."

"아! 슬퍼 눈물 나."

"그치? 공민왕은 그때부터 거의 정신 나간 사람처럼 살았지. 그런데 그 이후에 더 무시무시한 일들이 고려에는 벌어져. 이제 신돈이라는 개혁가가 나타난단다."

"신돈?"

"사실 신돈이라는 승려에 대해서는 참 말이 많아. 항간에는 요승이라고 이야기도 하고 아주 괴팍했다고 하고 뭐 여자였다는 말도 있고 정말 소문이 무성한 사람이지. 그러나!"

"그러나?"

"공민왕은 노국공주를 잃고 아무것도 하지 않은 채 신돈에게 모든 권한을 줘버린단다. 이러한 무성한 소문이 많으나 어쨌든 신돈은 개혁을 시작하지. 바로 전민변정도감이라는 것을 설치하고 권문세족에게 토지 조사를 명령해. 예전에 아빠가 이야기한 노비안검법. 광종께서 시행한 제도 알지?"

"응, 기억나. 원래 노비가 아닌 사람들은 풀어주는 거."

"그래, 이것도 비슷해. 억울하게 토지를 빼앗긴 사람들에게 토지를 다시 돌려주기 시작한 거지. 백성들은 성인군자가 나타났다며 엄청나게 좋아했어. 그리고 토지가 백성에게 돌아가면서 세금이 국가로 잘 들어오고, 삶이 나아지자 자연스럽게 군대도 늘어나고 뭐 다 좋아지고 있었지."

"와! 신돈이라는 사람이 대단하구나. 근데 왜 소문이 무성한 사람이야?"

"음, 그건 서안이가 조금 더 크면 알려줄게. 그 이야기는 아직은 이해하기 힘들 거야. 궁금해도 조금만 참으렴. 아무튼, 신돈이 이렇게 잘나가니

땅 빼앗긴 권문세족은 어떨까?"

"엄청 싫겠는데."

"그렇지. 결국에는 신돈의 힘이 점차 커지고 백성이 왕보다 신돈을 더 우러러보는 현상이 벌어지고 권문세족의 불만은 날이 갈수록 쌓이면서 왕을 계속 압박하기 시작했어. 마침내 공민왕은 신돈의 처형을 명한단다."

"엥?"

"이해가 잘 안 가지? 공민왕으로서는 신돈이 개혁정치를 완수함에 기분이 좋았겠지만 복잡하게 얽혀 있는 정치적인 상황이 신돈을 죽게 만들었을 수도 있고, 또는 표면에 드러나지 않은 신돈과 공민왕과의 불화가 있을 수도 있고, 다른 편으로는 공민왕이 그 당시 정상적인 판단이 힘들 정도로 폐인이 되어 있었을 수도 있지."

"그럼 그 후에는 다시 권문세족이 백성들 괴롭히겠네."

"그래, 잠시의 행복을 보던 백성들 역시 수탄에 빠지고 공민왕은 암살을 당해 죽고 만단다. 공민왕은 타고난 개혁자이자 백성을 사랑했던 군주 그리고 야심가였지만 깊이 사랑하던 노국공주가 그를 떠나자 모든 것을 놓아버리고 폐인이 되어버렸지. 그렇게 자신의 기둥을 잃은 공민왕은 그렇게 쓸쓸한 최후를 맞이하고 만단다."

이야기를 끝내고 한참을 아무 말이 없어 백미러로 딸아이를 보니 울고 있었다.

"너 울어?"

"어머? 왜 애를 울리고 그래?"

"아니, 그게 아니라 이야기가 너무 그랬나? 너무 드라마틱했어? 당혹 스럽네."

아내는 괜찮다고 딸을 달랬고 그러는 사이 목적지에 차는 닿았다. 차가 도착하고 나서도 딸은 한참이나 울었지만, 또 목적지에서 놀 때는 아무렇지 않았다. 아내는 나에게 감수성이 풍부해지는 시기라고 이야기해주었고 나 역시 역사를 설명하는 데 조금 더 신중히 이야기해야겠다고 생각 들었다.

서울 구경

오랜만에 가족과 서울 구경을 나섰다. 대학을 다니면서부터 서울에서 생활하였고, 그 이후에는 안양에서 신혼살림을 한 터라 제2의 고향같이 느껴지는 곳이다. 오랜만에 아내와 계획을 잡고 서울로 향했다. 서울을 처음 와보는 딸아이는 연신 탄성을 터뜨렸다. 우리는 한강이 내려다보이는 63빌딩에 올라서 풍경 구경을 하고 있었다.

"아빠, 서울은 왜 우리나라 수도야?"

"응, 조선이라는 나라가 세워지고 그 조선의 수도가 한양 즉, 서울이었거든 그 영향이 크지."

"고려가 있는데 왜 조선이 세워 져?"

"아! 아직 조선에 관해서 이야기 안 했구나. 고려가 멸망하고 조선이 세워졌었어."

"뭐? 고려가 망해?"

"그렇게 놀랄 건 아닌데… 음…. 그럼, 여기 한 바퀴 돌면서 고려의 멸망에 관해서 이야기해줄까? 이게 아주 드라마틱한게 재밌는 이야기거든."

"응!"

우리는 한 바퀴 돌며 커피 한잔과 주스를 들고 자리에 앉았다.

"고려의 멸망에는 중요한 사건이 발생하지 바로 위화도 회군이란다."

"위화도 회군?"

"응, 출정 나갔던 군사가 위화도에서 다시 돌아왔다는 이야기야. 이 사건을 계기로 고려의 멸망이 결정되지."

"군사가 돌아왔는데 고려가 멸망했다? 이상한데?"

"자세히 설명해 줄게. 우선 당시의 상황을 잠깐 이야기하자면 밖으로는 일단 중국이 시끌시끌했지. 그렇게 강대하였던 원, 몽골이 힘이 약해지고 새로운 나라가 세워져. 주원장이라는 영웅이 마침내 중원을 차지하면서 이름을 명이라고 하지. 자, 이제 나라가 세워 졌어. 그러면 그 뒤에 뭘 할까?"

"당연히 또 고려에게 뭐 내놓으라 하던가 아니면 쳐들어가든가?"

"그래, 늘 그러했듯이 명나라는 고려에게 무리한 요구를 했어. 옛 원나라의 쌍성총관부가 있던 자리의 영토를 내놓으라고 했지. 이 땅은 원나라의 것이었으니 자기네 땅이라고 우긴 거야."

"그 이전에 우리 땅인데 왜 그렇게 우겨대는 거야."

"역시 대단해. 이제 생각의 깊이가 아주 깊어졌는데?"

딸아이는 기분이 좋은지 연신 주스를 들이켜며 이야기에 집중했다.

"이때 고려에는 권문세족의 대표 최영 장군이 고려를 듬직하게 지키고 있었지. 최영 장군은 강하게 반발했단다. 그리고 군사를 준비하여 조민수, 이성계를 선봉으로 하여 요동으로 가서 명나라와 싸우게 했지."

"당연히 싸워야 하는 것 아니야?"

"음, 이성계의 시선은 좀 달랐어. 이 사건이 아주 중요한 부분이지. 바로 조선 500년 역사의 시작인 거야. 다른 이야기를 잠깐 해보자면, 이성계가 어느 날 꿈을 꾸었는데 꿈에서 잠을 자던 중 집에 불이나 급하게 집 밖으로 뛰어나왔는데, 그런데 등 뒤에 나무 기둥을 세 개 지고 있었다는 거야. 이성계는 꿈이 너무 이상해서 꿈 풀이를 잘하는 스님에게 물어보니…."

"물어보니?"

"집은 고려를 뜻하고 불이 났으니 고려가 망한다. 이성계는 그곳에서 나와 나무 기둥 세 개를 지고 있었으니 한자로 풀이하면 임금 왕 자 즉 왕이 될 꿈이라고 했데. 이성계는 이 꿈을 비밀로 했지."

"오, 왕이 될 꿈이로다."

딸은 우스꽝스러운 자세를 취하며 이야기했다.

"그럴 수 있지. 어쨌든 자, 다시 원래 이야기로 돌아오면 최영 장군의 명을 받은 이성계는 지금 이 시기에 명과 전쟁을 반드시 해야 할 이유가 있는가에 대해 곰곰이 생각하고 적극적으로 반대하였지. 그때 나온 말이 4불가론이야. 이성계는 네 가지의 이유를 들어서 전쟁을 반대했어."

"어떤 이유인데?"

"첫 번째는 작은 나라가 큰 나라를 거스르는 것은 옳지 않다. 두 번째는 여름에 군사를 동원하는 것은 옳지 않다. 세 번째는 병사를 동원하면 현재 왜 나라가 침범해 올 가능성이 있다. 네 번째는 무덥고 비가 많이 오는 시기이므로 활이 풀어지고 전염병의 위험이 있다고 하는 이유지."

"두 번째, 세 번째, 네 번째는 이해가 가는데 첫 번째는 잘 이해가 안 가."

"응, 그럴 수 있지. 아빠도 이 대목은 마음에 들지 않는 부분이야. 고구려의 피를 이어받은 고려가 중원의 나라를 큰 나라라고 지칭하는 것도 마음에 들지 않지. 하지만 오랜 세월을 거쳐 원나라 등에 복속되어 버렸던 당시의 시대상을 비추어 봤을 때 그럴 수도 있고, 또한 성리학은 나라를 형님, 아우로 빗대서 그 관계를 바로 세워야 한다고 했으니. 성리학을 공부한 신진사대부들의 생각은 이런 식으로 바뀌어 있을 수는 있지."

"그래도 마음에 안 들어."

"그래 하지만, 이성계의 이런 4불가론은 사실 어떻게 보면 핑계일 수 있지. 이때부터 이성계는 이 군사를 가지고 고려를 차지하려는 마음을 먹었을 수 있어. 하지만 왕의 명령을 받은 이성계는 어쩔 수 없이 출진하면서 위화도까지 다다랐어."

"거기서 돌아오는 거야?"

"응. 위화도로 가면서 이성계는 조민수를 끈질기게 설득하지. '이건 아니다. 지금 전쟁 못 한다. 차라리 돌아가서 최영을 몰아내고 우리가 정권을 주도하자. 마침내 조민수는 결심하고 이성계와 함께 군사를 회군 즉,

돌린단다. 이게 그 유명한 위화도 회군이지."

"그럼 고려를 공격한거야?"

"응, 결심을 굳힌 이성계와 조민수는 위화도에서 군사를 돌려 곧바로 개경으로 쳐들어가지. 그리고 궁궐을 장악하고 왕과 최영 장군을 사로잡았어. 그런 다음 왕의 아들을 새로운 왕으로 삼아. 이 모든 일이 단 2일 만에 일어난단다. 이 일로 이성계는 신진사대부라는 새로운 권력으로 절대 권력을 가지게 된단다. 바야흐로 이성계의 시대가 오게 되는 거지."

"그 이후에 어떻게 되었어?"

"처음에 이성계는 조민수와 권력을 나누어 가졌지만, 기반이 탄탄한 이성계가 우위를 점하게 되었고 조민수는 나중에 밀려나고 자신이 세운 창왕 역시 왕지리에서 쫓아내지. 이성계는 자기의 입맛에 맞게 공양왕을 새로이 왕으로 세웠어. 고려의 멸망은 다가오고 있었단다."

"근데 이성계가 바로 왕이 된 건 아니네?"

"그렇지, 명분이라고 하는데 큰일을 함에 있어 합당한 이유를 가져야 하거든. 이 명분이라는 것이 필요했으니까. 쳐들어와서 바로 '내가 왕이다.' 이러면 백성들도 자기가 뭔데 왕이야? 할 거고 신하들도 왕으로 인정하지 않으려고 하겠지. 그러니까 천천히 그에 걸맞은 명분을 얻고자 한 거야."

"그렇구나."

"자, 이제부터는 이성계가 조선을 세우고 왕이 되게 된 이야기가 펼쳐지는데, 조선의 건국에는 정말 여러 인물이 나온단다. 최고의 권력자가 된 이성계, 그리고 왕의 야욕을 품은 그의 5번째 아들 이방원, 역성혁명의 설계자 정도전, 이를 반대하는 충신 정몽주, 이색 그리고 그 안에서 벌어지는 암투와 지략, 전략까지. 어마어마한 이야기가 펼쳐지지.”

“와, 이야기해줘.”

“응, 오늘은 여기까지만 사실 아빠도 이 이야기들을 알고 있긴 한데, 너에게 이야기를 하려면 정리를 좀 해야 할 거 같아. 아빠도 단편적인 지식만 가지고 있어서 너에게 좀 더 쉽게 설명해 주려면 공부를 좀 해서 알려줄게.”

“그럼 기대한다?”

“그래, 좋아.”

이리저리 돌아다니며 구경을 하다 보니 어느새 해가 뉘엿뉘엿 지고 있었다. 한강에서 바라보는 일몰은 그야말로 장관이었다.

경복궁

다음 날 우리는 경복궁으로 향했다. 오랜만에 찾은 경복궁은 그야말로 장관이었다. 날씨 또한 좋아서 이리저리 사진 찍기에도 안성맞춤이었다. 어젯밤, 나름대로 조선 건국에 대해 정리를 한 나는 딸아이에게 이야기를 해주려고 다가갔다.

"딸, 여기 한번 서봐 현판 있는 곳에 그래 거기."

"여기?"

"그래, 찍는다 하나둘."

손으로 브이를 그린 딸은 나에게 와서 사진을 확인했다.

"딸! 그런데, 이 경복궁 내의 현판들 이름 누가 지은 거 같아?"

"글쎄."

"이 이름을 정도전이라는 사람이 모두 지었어."

"맞다. 아빠 조선 이야기 해주기로 했잖아."

'그래, 그걸 노린 거다.' 속으로 생각하며 웃고는 겉으로는 아무렇지 않은 척 '그래, 그랬었지 그럼 이야기 해줄게.' 라고 대답했다.

"먼저 조선을 설계한 사람 정도전에 대해서 알려 줄게. 정도전은 22살에 과거에 급제해서…"

"아니, 그런 거 말고, 엄청 재밌는 이야기라고 하더니 김빠져."

"흠, 그러면 여기부터 이야기해보자."

사실 준비한 이야기가 많았는데 나 역시도 김이 빠졌다. 하지만 아이의 흥미를 끌어내기 위하여 다른 이야기를 꺼냈다.

"정도전이 시험으로 관직에 올랐을 때는 바야흐로 공민왕 때야."

"로맨티스트?"

"그렇지. 그런데 공민왕이 죽고 우왕이 즉위하면서 정도전도 위기를 맞게 돼. 우왕과의 사이가 좋지 않았고 결국 유배를 가게 된 거지."

"유배라면 쫓겨나는 거 맞아?"

"비슷하지. 서울에서 쫓겨나서 유배 간 지역을 벗어나지 못하는 형벌이야. 이유야 어찌 되었든 중요한 것은 유배를 가서 정도전의 생각이 확 바뀌었다는 데 있지. 백성들 주위에서 백성들과 함께 살던 정도전은 정말 깜짝 놀랐어."

"왜?"

"백성들의 삶이 정말 처참할 정도로 엉망이었던 거야. 끼니가 없어 초근목피로 연명하고 병은 창궐해서 죽는 사람이 부지기수고 그런데도 관리들은 세금을 내놓으라며 백성들을 괴롭히기까지."

"맞아. 권문세족!"

"맞아. 이제 흐름을 잘 이해하고 있네. 정도전은 그러한 백성을 보면서 느낀단다. 백성이 이러한데 나라가 어찌 제대로 돌아가겠는가… 국가를 바로 세워야 한다. 그리고 국가의 기본인 백성을 살려야 한다. 바로 민본사상이 그의 마음속에 자리 잡게 된단다. '백성이 나라의 뿌리다'라는 생각이지."

"맞아. 백성이 있어야 나라가 있지!"

"그렇지! 하지만 이 생각은 그 당시에는 아주 위험한 생각이야. 당시에는 하늘에서 왕이 내려오고 그 왕으로부터 백성이 있다는 것이 지배적인 생각이었거든. 그런데 나라의 뿌리가 백성에게 있다는 것은 그야말로 왕을 거스르는 반역인 거야. 거기에 더해서 정도전은 그 방법으로 '역성혁명' 성을 바꾸는 혁명. 즉, 고려를 멸망시키고 새로운 나라를 세워 근본부터 바꾼다. 정도전은 이 생각을 하게 되는 거야. 아주아주 위험한 생각을 한 거지. 자, 이제 정도전은 자신의 계획을 실현해줄 사람을 찾기 시작했지. 그렇게 사람을 찾던 정도전의 눈에 처음에 들어왔던 사람은 최영 장군이야."

"황금 보기를 돌같이 하는? 어제 말했던?"

"그렇지. 최영 장군은 검소하고 심지가 곧은 사람이었어. 그러나 그는 권문세족이었지. 그러다 보니 주위의 권문세족과 연결고리가 많았단다. 자신을 뜻을 이루기에는 적합하지 않은 인물이라 판단했어. 두 번째로 정도전이 집중한 사람은 바로 이성계야. 권문세족과는 다른 신진사대부이고 함경도 지방의 귀족 출신으로 군사도 꽤 보유하고 있었지. 정도전은 유배가 풀리고 다시 관직에 다시 오르자마자 개혁에 관한 생각을 추진해 나간단다."

"자리를 옮겨서 이제 이성계에 관해 이야기를 해볼까?"

"응, 저기 가서 앉을래."

나는 자리를 옮겨서 계속 이야기를 해갔다.

"이성계는 사실 왕 바로 옆에 있는 귀족은 아니었어. 저기 먼 함경도 지방의 향리 집안 출신으로 그다지 주목받지 못하는 사람이었지. 그런데, 여기가 바로 원간섭기에 쌍성총관부가 있던 자리야."

나는 모랫바닥에 지도를 그리고 위치를 표시해 주었다.

"그 원에서 고려를 감시하려고 만들었던 맞아?"

"그래, 잘 아네. 그 구역에서 이성계는 쌍성총관부를 탈환하는 데 공을 세우지. 본인의 아버지와 함께 말이야. 그리고 왜구들을 물리치는 공을 세우면서 단 한 번도 전투에 패하지 않았고 근 20년 동안 남북을 쫓아다니며 백성들을 구했어. 사람들은 전장의 귀신, 난세의 영웅이라며 그를 칭송했고 그에 힘입어 승승장구하게 되었어. 그러던 중 정도전과 이성계는 만나게 된단다."

"오, 뭔가 두근두근 한 거 같아."

"그래, 역사적인 만남이지. 정도전은 관직에 물러나 있을 당시 이성계와 만나. 여진족이 침입을 막기 위하여 이성계를 찾아갔을 때 그들이 첫 만남을 가진단다. 정도전은 그때 확신했어. 이 남자야말로 내가 기다려온 사람이다. 정도전은 이성계와 만나고 바로 시를 한 수 지어 글을 남겼

데,

'아득한 세월에 한 그루 소나무

푸른 산 몇만 겹 속에 자랐구나

잘 있다가 다른 해에 만나볼 수 있을까

인간을 굽어보며 묵은 자취를 남겼구나.'

시에 보면 망해가는 고려를 한탄하고 새로운 세상을 고민하는 정도전을 볼 수 있지. 이때부터 조선에 대해 설계를 하려고 했던 것 같아."

"그럼 조선을 세우려고 생각한 사람은 정도전이란 사람이라는 거야?"

"그렇지, 아빠 생각에는 설계는 정도전이 했다고 하는 게 맞지. 그리고 이성계의 위용과 야망을 이용했다고도 볼 수 있지."

"아~ 이성계는 힘! 정도전은 머리! 그런 거네 제갈공명과 유비처럼."

"맞아~ 하지만 일은 쉽사리 진행되지 않았어. 이성계가 위화도 회군으로 권력을 쥐었지만, 여전히 고려를 유지하면서 천천히 개혁하자고 반대하는 사람들이 있었거든. 역성혁명이 아니라 고려를 망하게 할 수 없다는 사람들이지."

"그럼 바로 조선을 세우지 못한 거네?"

"그렇지. 이성계 역시 왕에 대한 야망을 품고 있는데, 딱 한사람 때문에 어려움을 겪었지. 그 사람 이름이 바로 정몽주야. 정몽주는 당대의 학자이자 신진사대부로서 정도전의 역성혁명을 반대했지."

"정몽주, 나 들어본 거 같아. 그럼 정도전은 어떻게 했어?"

"정도전은 또 다른 인물 바로 이성계의 다섯 번째 아들 이방원을 바라보게 된단다. 이방원은 야심이 있는 인물이자 이성계 가문에서 유일하게 문과에 급제한 인물이었지. 한마디로 똑똑하단 말이야. 또한, 성격 역시 냉정하고 과감하여 이것을 해결할 적의 인물이라 판단한단다."

"오, 드디어 다섯 번째 아들이 나오네."

"맞아, 이방원 역시 역성혁명의 중심에 있었어. 아버지를 왕으로 만들고 조선을 세우고자 하였으나 정몽주는 아버지와 함께 위화도 회군을 완성하고 공양왕을 추대한 사람이라 아버지 이성계는 차마 그를 어쩌지 못했어. 하지만 이방원은 아니었어. 정몽주와 그렇게 친분이 없으므로 자신의 걸림돌이 된다면 언제든지 힘을 쓸 수 있었어. 정도전은 그런 이방원을 부추기지. 한편 정몽주는 이성계가 왕이 되려는 움직임을 보이자 그와는 결별을 선언하고 강경하게 고려를 지키기 위한 투쟁을 한단다. 그러던 중 일은 벌어지고 말아."

"무슨 일?"

"이성계가 명나라에서 돌아오던 세자를 마중 나갔다가 말에서 떨어지는 사고가 발생해. 게다가 심하게 다쳐서 위독하다는 소식이 들려왔지. 이때를 노려 정몽주는 이성계를 몰아내기로 결심하지. 정몽주는 임금에게 상소를 올려 정도전을 감금한 다음 이성계 일파를 없애고자 이성계에게 향한단다. 그런데!"

"그런데!"

"이를 눈치챈 사람이 있었어."

"누구? 정도전?"

"아니, 이미 정도전은 감금되어 있어서 속셈을 알아도 전달할 수 없었어. 바로 이방원이야. 이방원은 재빠르게 이성계에게 달려가 위중한 몸을 마차에 싣고 개경으로 돌아온단다. 그리고 정몽주를 맞이하지. 정몽주는 계획이 틀어졌다는 사실을 알았으나 어쩌지 못해. 이방원은 정몽주를 맞이하여 마지막으로 그들과 함께할 것을 설득한단다.

'이런들 어떠하리, 저런들 어떠하리

만수산 드렁칡이 얽혀진들 어떠하리

우리도 이같이 얽혀서 백 년까지 누리리라'

하고 하여가라는 시를 지었단다.

시가 어떤 거 같아?"

"음, 얽혀진다는 것이 뭐 함께 하자. 이러나저러나 같이할래? 요런 거?"

"맞아. 정확해. 하여가라고 하는 시야. 거기에 정몽주는 본인의 마음을 시로 지어 답하지!"

'이 몸이 죽고 죽어 일백 번 고쳐 죽어

백골이 진토 되어 넋이라도 있고 없고

임 향한 일편단심이야 가실 줄이 있으랴.'

자신은 몇 번을 죽었다 깨어나도 그럴 수 없다. 나는 고려를 지킨다는 내용이야. 이 시의 이름은 단심가야. 하나의 마음이라는 뜻이지."

"너무 막 비장한 것 같아."

"그래, 그 말을 들은 이방원은 정몽주와는 함께하지 못하는 것을 확신하고 선죽교라는 다리에서 철퇴를 휘둘러 정몽주를 죽인 후 정몽주 일파를 모두 숙청해 버린단다. 개경에 선죽교의 다리에는 그때의 핏자국이 아직도 있다고 하더라."

"오, 근데 무서울 것 같아."

"지난간 역사니까 뭐 어쨌든 그렇게 일이 끝나고 정도전의 설계대로 그리고 이방원의 과감한 노력으로 이성계는 스스로 왕이 된단다. 그리고 나라를 조선이라 하였지. 그때부터 이씨 조선의 500년 역사가 시작된단다."

"하…. 나라를 세우는 과정이 참…. 누가 옳은 건지 잘 모르겠어."

"그래, 그렇게 여러 사람의 이익과 생각 사상이 충돌하면서 나라가 창제되었지. 그리고 조선은 500년 동안 빛나는 역사를 이어간단다. 아빠가 해줄 조선의 역사는 때로는 화려하고 때로는 빛이 나고 때로는 어두운 역사가 계속된단다. 그런데 우리 딸이 여기서 알아야 하는 것은 하나야. 이런 역사를 알고 그 속에서 네가 배울 점은 배우고 버릴 것은 버려야 한다는 거지."

"노력해 볼게. 아빠."